指尖上的生活

智能手机应用 100

官建文　主编

科学普及出版社

·北　京·

图书在版编目（CIP）数据

指尖上的生活：智能手机应用100例／官建文主编.
—北京：科学普及出版社，2013.5
ISBN 978-7-110-08208-9

Ⅰ. ①指… Ⅱ. ①官… Ⅲ. ①移动电话机－基本知识
Ⅳ. ① TN929.53

中国版本图书馆 CIP 数据核字 (2013) 第 072864 号

策划编辑	徐扬科
责任编辑	吕　鸣
装帧设计	中文天地
责任校对	孟华英
责任印制	李春利

出版发行	科学普及出版社
地　　址	北京市海淀区中关村南大街16号
邮　　编	100081
发行电话	010-62173865
传　　真	010-62179148
投稿电话	010-62176522
网　　址	http://www.cspbooks.com.cn

开　　本	700mm×1000mm　1/16
字　　数	220千字
印　　张	14.25
版　　次	2013年6月第1版
印　　次	2013年6月第1次印刷
印　　刷	北京市凯鑫彩色印刷有限公司
书　　号	ISBN 978-7-110-08208-9/TN·70
定　　价	36.00元

编委会名单

前 言

　　亲爱的读者朋友，你有没有发现，移动互联网的发展和智能手机的普及让我们身边的世界正在悄然改变。我们国家拥有全球规模最大的移动互联网用户和世界最大的移动终端产能。移动互联网已经渗透并影响着我们生活的方方面面。手机已经不仅是电话，更是上网设备、游戏机和音乐播放器。智能手机搭载的各式各样的移动应用，为我们构建起了多姿多彩的生活圈。

　　从"砖头"大哥大，到诺基亚"王国"，"山寨"世界，功能手机、塞班手机走过了最为风光的时刻，随着智能手机更新换代加快，相信你会从谷歌（Android）、苹果（iOS）、微软（Windows Phone）三大巨头操作系统的智能手机中选择你所中意的一款。

　　那么，让我们拿出口袋里的手机，来看看平常会使用哪些功能呢？或者说你最为关注哪方面的功能呢？打电话、发短信？还是拍照、听音乐？抑或上网、玩游戏、看小说？英国的一项调查结果显示，人们每天用手机上网、玩游戏、听音乐等大约两小时，接打电话仅 12 分钟左右。如果你经常用手机上网（包括看新闻、聊天、刷微博、搜索）、玩游戏、看小说，无疑与我们写作这本书的初衷不谋而合。

　　手机浏览器和移动应用是智能手机用户介入移动互联网的两大入口，相对于浏览器来说，移动应用更加独立多样，体验设计更加丰富多彩，因此移动应用才能成为智能手机用户需求聚集的焦点。国外一家移动分析公司 Flurry 做过一个统计，每个移动智能终端用户平均安装的应用程序是 65 个，平均每周使用 15 个。因此，移动生活时代的到来已经无可争议。因此，我们萌生了编写此书的想法。

我们所要介绍的移动应用，面向儿童、学生、白领、老年人等多层次对象，大致包含在新闻、聊天、社交、游戏、阅读、搜索几大类中，尤其以生活需求为主，例如餐饮美食、交通旅行、音乐视频。举几个简单的例子，你可以通过"大众点评"、"丁丁优惠券"来遍尝美食，通过"淘宝"、"蘑菇街"淘出靓丽，还可以用打车租车应用和"艺龙旅行"和"航班管家"来畅通便捷出行。

面对海量的移动应用，你该如何选择？每天上网查询、挑选、下载、卸载、更新移动应用，花费的时间成本和流量成本巨大，而且各种应用参差不齐，用户体验和安全性差别巨大，甚至有的还与健康向上的网络文化发展方向相悖。想要一本客观、全面、贴近用户的移动应用指南吗？本书将通过直观、简洁的应用介绍，帮助你甄别、挑选自己喜欢的应用，享受精彩的移动生活。如果你对移动互联网比较了解，可以通过翻阅本书目录，直接查询感兴趣的移动应用来下载使用；如果你对移动互联网初涉未深，可以阅读书中精彩的移动应用介绍，找到适合你自己的软件来尝试和应用。

本书由人民网研究院组织撰写，对当前移动互联网热门的移动应用进行精选归纳、总结评价和推荐，从日常生活的实用角度来考虑，分为衣食住行、听说读写、移动助理、健康教育、娱乐休闲五个部分22个章节，100个应用，贴切、实用，行文风格活泼，耐读性强，可操作性强，推荐给广大读者朋友，愿开卷有益。

目录
Contents

第二篇
Di-Er Pian
听说读写
我不愁

移动应用入门指南

假如你已经拥有或者打算购置一部智能手机，而并不清楚如何选择、设置，也不懂得如何安装移动应用，那么在开启你的移动应用生活之旅前，下边的介绍，将让你的准备工作事半功倍。

一、如何选择智能手机

什么是智能手机

所谓智能手机，区别于功能机而言，是指"像个人电脑一样，具有独立的操作系统，可以由用户自行安装软件、游戏等第三方服务商提供的程序的手机"。直白来讲，你不仅仅能用它来打电话，发短信，还可以像用电脑一样，随意安装下载"客户端"程序，如微博、微信、手机 QQ 等。虽然很多功能机也具有 JAVA 功能，可以安装一些 JAVA 软件游戏，如日历、记事本、手机 QQ，但是本质上并不是智能手机，使用体验与智能手机相比差别太大，就像交通工具"马车"与"火车"，时代的发展进步使人们舍弃"马车"改乘"火车"。

智能手机有哪些特点

首先，智能手机具备打电话、发短信等普通功能手机具有的所有功能。其次，智能手机具备更高的无线接入互联网的能力，即支持 GSM 网络、Wi-Fi 接入、3G 网络，甚至即将普及的 4G 网络，随时随地上网，网速更快。再次，如同个人电脑，具备应用管理功能，如浏览网页（自带浏览器，也可以安装第三方浏览器）、多媒体应用（看视频、听音乐、编辑图片、聊天、阅读、玩游戏），提供增值服务（新闻、股票、天气、交通、商品），其功能强大，可以同时运行多个程序，甚至可以如电脑中的 word 一般对文字进行复制粘贴。最后，相比功能手机，智能手机以触摸屏为主，屏幕分辨率更高，能看高清视频，文字、图片的显示更加清楚。此外，随着硬件成本的降低，智能手机的价格越来越平民化。因此，我们有"一万个"理由选择智能手机而不是功能手机。

智能手机有哪些种类

智能手机的牌子成百上千，如苹果、三星、摩托罗拉、HTC、索尼、诺基亚、联想、华为、中兴、索尼、小米、魅族，等等，但操作系统则以苹果和安卓两大操作系统为主，微软和塞班操作系统份额较小。

1. 以苹果（iOS）系统为代表的 iPhone 手机：手机厂家只有苹果一家。它的手机产品和系统做得比较封闭，走的是中高端路线，价格虽然昂贵，但是从做工和用户体验来说首屈一指。

2. 以谷歌（Android）系统为代表的手机：谷歌开发的安卓手机系统，授权给众多手机厂商使用，使得安卓手机的份额在全球保持了绝对领先优势。千元智能机系列，三星 Galaxy 系列，从低端到中高端，从中屏到大屏，安卓手机系统无所不在，也成为各大手机厂商竞争新产品的焦点所在。

3. 以微软（Windows Phone）系统为代表的手机：新兴力量，是最有希望与谷歌的 Android 和苹果的 iOS 系统叫板的对手。手机厂商以诺基亚力推为主，HTC、三星、LG、华为、中兴也加入生产行列。

4. 以塞班（Sybian）系统为代表的手机：主要以诺基亚手机厂商为主，

曾经辉煌一时，在技术的更新换代中已经逐渐退出历史舞台。

读完以上介绍，也许你对如何选择一款适合自己的智能手机也有了初步的了解：你可以在苹果（iOS）和谷歌（Android）这两大系统中二选其一，然后根据自身的年龄、职业、收入，从众多的智能手机品牌中选择一款外形、型号、价格都合适的。如果你定位商务，追求卓越，可以选择苹果iPhone、三星 Galaxy 等系列；如果你关心性价比，追求实用，可以选择联想、中兴、华为、HTC 等品牌；如果你是手机发烧友，追求时尚，可以选择小米、魅族双核和四核手机；如果您更关注屏幕大小，可以选择以上品牌的大屏手机。

二、如何使用移动应用

什么是移动应用

本书所介绍的移动应用是指安装在智能手机中，在移动场景中使用的程序。在电脑上，我们上网的两种方式"使用浏览器网址登录"和"下载客户端登录"同样被复制到了手机屏幕上。在手机上，你依然可以通过手机浏览器输入文字搜索、网址登录，但是在手机上完成输入网址或者在众多保存的标签中查找需要的网址需要一定时间，而目前最个性化、便捷的做法是，单独安装一个移动应用客户端（App），然后你每次只需要点击这个客户端就可以直达所需要的服务。目前，越来越多的企业都已经投入到了开发 App 的行列中。大量的社交、游戏、商务移动客户端渐渐被大家熟悉和应用，为我们的生活和工作带来了便捷。

移动应用有哪些

根据个人使用移动应用目的的不同，可以把移动应用分为五大类：衣食住行、听说读写、移动助理、健康教育、娱乐休闲。这五大类涵盖了社交、游戏、购物、新闻、健康、教育、旅游、美食、交通、视听、阅读、办公、图像、生活服务等几十个分类。有的移动应用可能面向某一特定使用人群，有的则可能面向比较广泛的使用人群，例如"新浪微博"、"微信"移动社交客户端，"淘宝网"、"蘑菇街"移动购物客户端，"网易新闻"、"搜狐新闻"移动新闻客户端，"春雨掌上医生"、"过日子"移动健康客户端，"掌中英语"、"宝贝全计划"移动教育客户端，"愤怒的小鸟"、"水果忍者"移动游戏客户端。

如何搜寻移动应用？移动应用有多种搜索途径，一是官方移动应用商店，如苹果应用商店（App Store）、谷歌软件应用商店（Android Market）、中国移动软件应用商店（Mobile Market）等；二是网上第三方移动应用商店，如百度移动应用、安卓市场、机锋网、优亿、木蚂蚁、应用汇、当乐、N多市场；三是手机应用助手，包括手机端和PC端，如91手机助手、豌豆荚、腾讯手机管家。你可以通过以上三类途径（这三类应用商店和助手基本都有手机版和PC版），快速搜索查询。

如何下载安装移动应用

第一种方式，也是一种"笨"方法，你可以在电脑端预先把程序安装包下载好，然后通过手机数据线，把安装程序复制到手机存储卡中，再在手机里找到安装程序进行安装，优点是节省移动流量，缺点就是下载安装较为繁琐。第二种方式，是通过安装在手机里面的手机浏览器和应用商店进行下载，但是这需要联网耗费大量流量，一般一个应用程序会有1M～5M，因此如果使用这种方式，请开启 Wi-Fi（大型公共服务区域、商场和麦当劳等场所会有免费 Wi-Fi 提供，或者用无线路由器把家中的宽带变为无线）来节省流量。第三种方式，推荐下载类似 91 手机助手、腾讯手机管家、豌豆荚、360 手机助手的 PC 版，安装在电脑上，可以通过数据线连接后，直接进行应用的同步搜索、下载、安装（即在电脑端操作直接安装在手机中）。

如何更新移动应用

随着装载的应用数量增多，我们需要更新的应用数量也较多，因此我们推荐两种方式进行应用更新，一是开启 Wi-Fi，然后点击应用按钮提示进行更新，二是连接手机助手 PC 版，在电脑上直接走宽带流量进行更新。当然如果你的移动网络流量套餐充裕，可以直接进行新版本更新。

三、如何进行智能设置

移动网络选择设置

购买智能手机之后，我们需要选择移动运营商和流量套餐，因为大部分应用都需要在联网的状态下运行。因此选择包月套餐是最合算的，中国移动、中国联通、中国电信分别都有 GPRS 上网套餐包月、WLAN 和 3G 套餐优惠，具体可依据个人每月使用的流量额度来选择，从 20M、30M、70M、150M，到 1G、2G、5G 各种套餐选择不等，包月价格也会有较大差别。从网速的表现上来说，联通和电信 3G 网速较快，并且其 3G 制式支持苹果手机，移动 3G 制式支持的机型略少。此外，目前智能手机都对 Wi-Fi 环境进行了优化，即如果周围有可接入的 Wi-Fi 网络使用，就不会使用 2G、3G 的网络了，可以节省一大笔流量（很多软件的下载、更新比较费流量，而且很多后台运行的程序一直联网在跑流量），所以选择一款支持 Wi-Fi 的智能手机是个明智之举。

如何保护手机安全

电脑很容易受病毒木马侵袭，智能手机也不例外，我们在安装很多移动应用的同时，很容易被网络上的木马攻击。这不仅会危及手机安全，甚至个人信息也可能被盗用，因此需要安装一款手机杀毒软件来对手机进行武装，比如 360 手机卫士、安全管家、腾讯手机管家、联想乐安全、网秦、金山毒霸等安全软件，可以根据个人喜好选择一款安装。

如何优化提速

众多移动应用软件的使用，无形中带来了系统垃圾和资源浪费，会使你的手机速度变得越来越慢，因此需要定期对手机系统进行优化清理。一些手机助手类软件或者手机安全软件，以及专门的手机优化软件，如安卓优化大师，本身自带清理系统的功能，可以进行手机体检、开机启动优化、快捷设置、节电优化、清理手机内缓存的垃圾文件、关闭不必要的后台运行程序，能够很大程度上提高手机的开机和运行速度，也能节省手机电量。

在具体使用过程中，可以养成良好的使用习惯，及时清理手机内存和缓存，注意联网需求和软件安装的确认，加强对于个人隐私信息的保护意识，如此才能享有一个健康安全的移动生活环境。

第一篇
Di-Yi Pian

衣食住行尽我享

第一章　品出美食有捷径

 大众点评——心仪美食随时尽知

北京城哪家粤菜最好吃？离你最近的火锅店在哪儿？哪家餐馆近期有优惠？川菜鲁菜湘菜，哪个都想吃，今天晚上到底吃什么？

你还在为了"吃什么"抓狂吗？只要你的手机里有一个**大众点评**，所有这些问题就会迎刃而解。

以美食点评起家的大众点评网，在移动互联网浪潮中如鱼得水。在海量商户信息的基础上，**大众点评** App（Application，智能手机的第三方应用程序）将移动终端可提供的地理位置信息很好地与美食搜索结合，既可以根据用户的地理位置提供最符合用户需求的店，还可以同时提供导航地图，方便用户找到店家。同时，利用手机的重力感应功能，**大众点评**还提供了与**食神摇摇**相类似的"摇一摇"功能，扩展了大众点评网无法实现的多种功能。

应用中最基本的"搜全城"功能，依托大众点评网多年来积累下的商户资料，只需要自定义地点、分类、价格区间以及排序标准，就可以在全城范围内寻找自己满意的商户。

如果你今天想去当地最受吃货欢迎的川菜馆尝一尝，可以看看这款应用中的排行榜。**大众点评**针对每一个城市，以菜系、环境、服务等各种不同指标为依据，评选出各类最佳商户。通过浏览排行榜，用户可以方便地找到自己心仪的美食，堪称用户省时省心的"出行宝典"。

如果你想就近找一家还不错的饭馆饱餐一顿，但又对周围环境不熟悉，**大众点评**中的"查找附近商户"功能可以帮你找到附近大大小小的饭馆。用户可以自行调节覆盖半径，不仅可以将搜索结果按照距离、评价等各种标准排序，还可以直观地在地图上看到这些商户的分布。用手指在地图上随意划动，就可以看到划过之处所有分类商户的信息。

太多美食无从选择的时候，还可以摇一摇手机，让**大众点评**替你决定晚餐吃什么。

找到喜欢的商户后点击进入，可以看到具体地址（地图定位）和电话（可直接点击拨打），还可以看到网友的推荐、评价以及留言墙，连交通信息都会详细列出。

更值得一提的是，**大众点评**可谓无所不包，团购、优惠券、签到……一举囊括了**丁丁优惠**、**美团**、**街旁**等 App 的多种功能。如此全面而又周到的服务，还有什么理由不选择它呢？

技巧发现

　　如何删除我的浏览记录？点击进入"更多"，最上方有一项"最近浏览"，进入可见用户的浏览记录，点击右上方的垃圾桶标志便可以清空记录。

　　签到有什么作用？除了可以留下足迹，并与好友分享外，签到还可以换取积分，在某一商户或商区签到达到一定次数可以换取徽章并享受大众点评的优惠活动。

同类应用

街旁

饭本

美团

丁丁生活

丁丁优惠——手机上的折扣生活

"哎，你听说了吗，上次咱们去吃的那家茶餐厅开始打折啦！"

"咱们最爱去的那家火锅店也开始团购了，改天再去一次呗？"

折扣信息还停留在口口相传？太 OUT 了！

随时刷新商家网站，寻找折扣信息？也太麻烦了吧！

那有没有一款应用，可以把全城最给力的优惠一网打尽？让最超值的折扣一个不落，只需轻轻一点，尽享优惠呢？这一切，*丁丁优惠*都能做到。

*丁丁优惠*是由本地生活位置及地图服务网站丁丁网推出的移动应用，集合全国 38 个城市的美食、休闲娱乐、丽人、商场购物、生活服务等 7 万余张城市消费优惠券，成为众多学生、白领出门必备的"省钱利器"。2012 年，*丁丁优惠*更入选苹果 App Store 发布的"免费 App TOP100 应用"榜单。

成立于 2005 年的丁丁网，在业界被定义为一家慢公司。它以公交站点查询和商家地图切入本地生活服务起家，在本地生活服务领域多年耕耘，积累了大量的本地生活服务型商户。在移动互联网时代到来的时候，丁丁网多年积累

下的信息资源得到了最大程度的运用和发挥，既让*丁丁优惠*客户端站在了高起点，又给用户带来了享用不尽的便利服务。

点击进入客户端首页，跃入眼帘的是各大推荐。可以选择一个城市，看看有什么不可错过的吃喝玩乐项目正在促销，或是根据图片下方的分类直接查找感兴趣的优惠券，"放入口袋"后离线就可以使用了。优惠券还可以收藏在新推出的"Passbook"里。具有收藏和管理电子票据功能的 Passbook，还能同步优惠券的地理位置信息，一旦用户到达所

收藏的优惠券商户附近，Passbook 就会贴心地弹出"到店提醒"。

丁丁优惠还可以根据用户需要，找到附近的商户，并在地图中标示出来，还可以翻页查看多家商户，点击商户图片就可以看到地址和折扣率，也可以进一步查看详情，非常方便。

另外，丁丁优惠还会不定期举办"吃货日"活动，推出"一元购买扇贝"等用户大回馈活动，心动的朋友赶紧去下载吧。

技巧发现 🔍

我可以发布优惠券吗？ 点击工具栏中的"更多"，可以看见新版的丁丁优惠增加了发布优惠券的功能，让商户能够更为方便地融入进来。商户可以直接拨打热线发布，也可以使用丁丁优惠的专业发布平台，或者只是简单地留下信息，让丁丁优惠帮助发布。

钱包里的银币和铜币也可以用来换取实物吗？ 银币和铜币不可以换取实物，但是累积一定的银币和铜币可以兑换金币，从而换取实物。

同类应用 🔍

豆角优惠　　布丁优惠券　　指尖优惠　　排队优惠

吃 食神摇摇——年轻人的美食神器

"找餐厅摇一摇，爱美食拍一拍"，2011 年年底上线的**食神摇摇**在 App Store 的美食应用排行中一跃成为第一。升级后的**食神摇摇** iOS 平台 5.2 版更进一步，风格简约，功能齐全，设计更为人性化。

点击进入**食神摇摇**，带有动画效果的"摇一摇"图标跃入眼帘，只需要点击一下或是摇一摇手机，即可找到身边美食。"摇一摇"下面有每周的精选餐厅，你也可以通过左上角的"排行"，或是右上角的"附近"，找找热门的或是步行可及的餐厅。等待加载很无聊？**食神摇摇**会利用这短短的时间，贴心地给个美食、养生小贴士。

点击首页左下角的"发现"即可发现身边美食。九宫格的美食图片上标记着每一家店与用户所处位置的距离以及有无优惠，再摇一摇，又换一批美食店家。哪样美食吸引你？不妨点进去看看，餐厅信息一应俱全。呼朋唤友组个饭局吧，直接通过短信、微信或是 QQ 通知三五好友，非常方便。吃过以后别忘评价哦，还可以给佳肴拍个美图上传。**食神摇摇**已经列出一些常用的评价，直接点击发送就可以了，用户也可以写一些自己的感受，还可以将体验分享到微博，或是给餐厅信息纠错。如果这次不去的话，就收藏到下次吧。**食神摇摇**还会以时间轴的方式记住你都看过哪些餐馆，方便以后查找。

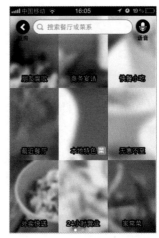

和朋友一起分享还是宅在家里等外卖？习惯北方口味还是尝尝西餐？海鲜还是烧烤？食神摇摇已将美食归类到三大九宫格，看看*食神摇摇*的推荐吧，总有一款适合你。都不喜欢也没关系，试试上方的"搜索"功能吧，比如语音搜索功能。喊一声"海鲜！"*食神摇摇*立马推荐出海鲜餐馆！说一声"我不知道"，这时*食神摇摇*会说"（@-@；）？！……有点晕，来点推荐吧！"之后推荐出各种经典美食。如果保持沉默，*食神摇摇*会提醒你"麻烦你吱个声呗"。真是有趣又实际的应用。

*食神摇摇*还为你量身定制了类似于个人档案的功能。点击"我"，里面有用户的个人资料，如喜好口味、收藏餐厅、好友等等，还有用户的"吃货战绩"，留下你的美食足迹。你可以通过美食分享、上传美食照片等从"小小吃货"向"骨灰级吃货"进军。

技巧发现

　　我发现了新的好餐厅，可以推荐吗？用户可以在"设置"中添加新餐厅，让*食神摇摇*的内容更丰富。

　　我可以缩小搜索范围吗？用户可以在"设置"中自定义一些初始设置，如喜欢的菜系、位置等等，使查找、推荐更精准。

同类应用

大众点评　　订餐小秘书　　易淘食　　火花生活

豆果美食——烹调菜谱随身携带

结婚纪念日，想要给另一半一个惊喜，做一顿美美的烛光晚餐，却又无从下手，怎么办？不用着急，**豆果美食**来帮你。

强大的免费美食菜谱、生活资讯应用软件**豆果美食**，就像是方便取用、随时随地学习的口袋教科书，可以一边看手机，一边学做菜。有了这本随身携带的菜谱大全，做菜都变成了一件充满乐趣的事情。

豆果美食拥有数十万道图文并茂的精美原创菜谱，让你烹饪美食信手拈来。还有给力的分类体系和食材大全，不论你对饮食有什么特殊的要求，都能妥妥地找到完美解决方案。无论是家常风味，还是日韩料理，只有想不到，没有找不到。更有大受欢迎的减肥食谱，让正在努力减重的朋友也能美餐一顿。一个人在家，不想大费周章，那就看看微波炉食谱吧，简单几步也可以为自己做一顿丰盛晚餐。哪怕你的冰箱弹尽粮绝，也能教你做出惊艳的美味！

轻点**豆果美食**推荐的菜品，便可以看到关于该款美食的详尽说明——从

该菜肴的出处、历史、传说，到所需食材，再到分解的步骤，一应俱全。不会做饭？没关系，按部就班地根据菜谱操作，一定可以做出美食。喜欢这道菜？那就收藏吧。设个提醒，选个日子亲自尝试做一下。别忘了加入购物单，下

次去超市，便知道需要哪些食材。还可以去和志同道合的"厨友"们切磋一下厨艺，或者去社交网站宣告一声。这些功能都在下方的工具栏里。

不仅如此，豆果美食还有贴心的时令饮食指导、热门推荐以及最懂你的"猜你喜欢"。一定能带给你惊喜连连，让你不再为吃发愁，真正享受健康、幸福的每一餐。

你可以多种方式搜索自己感兴趣的食谱，比如根据食材、菜系、特色搜（例如减肥食谱、孕妇食谱），或是根据专家搜。这里的专家是豆果美食认证的达人，不一定是大厨，也可能是民间的美食高手。

技巧发现

哪里可以找到我收藏的购物清单？ 你收藏的购物清单和设置的做菜提醒等都在"更多"栏目中。这里确实有更多丰富的内容，比如豆果美食推荐了哪些其他应用，或是对豆果美食提提意见和建议、发表一下点评。

我可以创建菜谱吗？ 最新版的豆果美食增加了上传功能，登录后便可以上传分享自己的菜谱了。

同类应用

美食杰　　网上厨房　　食神摇摇　　豆豆美食

订餐小秘书——订餐厅，叫外卖

转眼又要到情人节了，今年该去哪里约会呢？打开手机上的**订餐小秘书**，各类主题中，"最幽静、浪漫约会餐厅"一栏准让你心动。这里推荐了不少餐厅，还附有菜式和环境的照片。点一家仔细察看，**订餐小秘书**会告诉你这家餐厅的具体地址和联系电话，他们有什么招牌菜，用过餐的客人是否满意，最满意哪道菜等等。它还告诉你这里的打折信息，不止有店家的，"小秘书"还会根据消费金额赠送"秘币"呢。

如果觉得不错，决定"一键预订"。你可以选择"2月14日晚上7点，2位用餐；优先订包房，大厅也可以；备注：无烟区"。留下姓名和手机号码。订单提交不一会儿，"小秘书"就会告诉你订好了，并提醒你发个短信请束。你可以选择"情侣"模板，短信已经编辑好了，只需输入手机号便可发送出去。与此同时，这个订单已经保存到你的"用户中心"了。到时候，**订餐小秘书**会提醒你，而你只要打开订单中的导航，"小秘书"就会"带我去餐厅"。吃饭时如果拍个照片，给个点评，还有奖励呢。

订餐小秘书并不只会订餐厅，还会为你搜罗美食以及帮你叫外卖。这里的"外卖黄页"信息一应俱全，不仅有外送时间、订餐电话、起送价等等，还有各家店的详细菜单及价

目，让手头没有外卖单的你不再烦恼。你还可以在地图上一目了然地看到这些店家的分布。选择连锁店、中餐、小食或是异国风味，全看你喜欢。如果你碰巧知道一家不错的店，而"小秘书"不知道，那就赶紧添加一下吧。"小秘书"有时候也会犯错，如果你发现了，可以帮它纠正。

如果你已经有心仪的餐厅，或者想吃的外卖等，你可以直接语音指示"小秘书"。美食大家享，你当然也可以将美味佳肴通过短信、微博等分享给好友啦。

技巧发现

订了餐厅又不去了怎么办？订单可以取消。只要去"用户中心"——"我的订单"中，调出该餐厅订单，点击右上角的"取消订单"即可。

如何获取和使用"秘币"？就餐、上传照片、纠错等等都可以获得"秘币"，可以兑换礼物哦。不过要先成为注册会员，仔细阅读"用户中心"——"秘币的使用规则"吧。"用户中心"还有很多其他信息哦。

同类应用

火花生活　　易淘食　　丁丁生活　　大众点评

食物相克相宜——健康饮食来"搭配"

　　逢年过节、朋友小聚或是商务宴请，隔三岔五就有饭局。随着人们生活水平的提高，各种"富贵病"也接踵而来，如三高、脂肪肝……只是餐桌上的美味佳肴，叫你怎一个"忍"字了得。可是你知道吗？每每我们点的那么多菜，总有一些并不适宜一起食用。轻则消化不良，重的话可能引起中毒呢。*食物相克相宜*就是一款教你如何搭配食物的手机应用。带上它去餐厅，吃得更健康。

　　"食物相克"板块中，不但告诉你什么食物不宜同服，还告诉你会产生何种危害以及如何解毒。例如，土豆和香蕉常常被一同放在沙拉里，可是"食物相克"告诉我们，这样吃会生雀斑。又如人参和萝卜，我们常把它们和肉类一起炖汤，作为食补。"食物相克"却告诉我们，人参和萝卜一起吃会引起积食滞气。再如，羊肉和西瓜一起吃会中毒，而"食物相克"说解救办法是甘草煎水服用。

　　那么，如何吃才能对身体有益呢？这些，"食物相宜"板块会告诉你。原来地瓜炖排骨是一道良菜，既不油腻，又能提供充足的膳食纤维。名菜"泥鳅钻豆腐"，原来在营养学上也不无道理，清热解毒又美肤，美容达人不妨一试。洋葱、咖喱和鸡肉，这几乎是现在很多快餐店的"标配"，竟颇能强身健体，看来是上班族的营养午餐之选。

平日自己做饭，查阅**食物相克相宜**，让自己和家人吃得美味又放心。

食物相克相宜还专门为准妈妈们提供了"孕妇饮食禁忌"。我们知道，怀胎十月很辛苦，为了妈妈和宝宝的健康，准妈妈们总是吃得特别小心。然而难免防不胜防，以为很补的食品没准儿却是大忌。"孕妇饮食禁忌"告诉我们，从甲鱼、海带、到蜂王浆、人参等，这些滋补的食品，准妈妈们全都不能吃。

如果你想专门查询某一种食物的搭配宜忌，可以使用"搜索"功能。

在"更多"一栏里，还有图文并茂的食物图解，生动讲解多种食物的功效和食用宜忌。

技巧发现 🔍

我发现一条特别有用的信息，如何记下来时时提醒我？点击右上角的箭头即可收藏，在"更多"——"个人收藏"中可以找到。

同类应用 🔍

食疗大全

食物相克与相宜百科大全

食物相克大全

食物相克相宜大全

第二章　淘出靓丽少花钱

淘 手机淘宝——随时随地乐享购物

对于常常网络购物的人来说，淘宝的大名应该算是如雷贯耳，更有人说"淘宝的强悍已经难以用语言来表达了"。**手机淘宝**作为淘宝网的移动应用软件，几乎平移了淘宝网的所有功能，同时整合旗下团购产品**聚划算**、**淘宝商城**为一体，为用户提供每日最新购物信息，具有搜索比价、订单查询、购买、收藏、管理、导航等功能，为用户带来方便快捷的手机购物新体验，难怪睡前刷手机淘宝成了许多女性手机用户"戒不掉"的习惯。

手机淘宝与淘宝网色调保持一致，橙色的小图标，橙色的界面，鲜艳的色彩提高购物的乐趣。清爽简洁的界面，随意浏览或是按需搜索都毫无技术门槛。点击商品图片了解详情、加入购物车或是直接购买、填写收货人地址、付款，尽在弹指间。不放心的话还可以点击底部导航栏的"阿里旺旺"，直接和卖家对话，咨询

详情，在"阿里旺旺"对话页面可以直接在对话框中输入文字，也可选择语音对话，操作便捷。

在"我的淘宝"中还可以进行订单管理，即便是在电脑端下的订单，也能够在手机上随时查看宝贝行踪。不管是下单还是追单，轻轻松松，即刻完成。

技巧发现

"淘宝"手机客户端还可以提供哪些信息？除以上基本商品购物外，"淘宝"手机客户端还提供便民充值：话费充值、游戏点卡充值、Q币充值等，简单方便，使用支付宝支付即可。

"淘宝"手机客户端还有什么特殊功能？购物比价：在家乐福、沃尔玛、国美、苏宁等任何一家超市或者连锁店，通过关键词、条码、语音以及二维码搜索等多种搜索方式即可实现和淘宝网商品的比价。

同类应用

美丽说

聚美优品

淘女装精选

京东商城

逛商城——正品折扣聚实惠

如果你还在担心网络购物是否货真价实？还沉浸在浩如烟海的网店中，头晕眼花地寻找那件在商场里看到的名牌风衣？赶快来*逛商城*吧。

作为淘宝天猫的移动客户端，*逛商城*以丰富的商品种类、折扣商品、货到付款、商品分类查找、正品保证为卖点，配以简约的外观、明晰的商品推送界面，显示着不凡的品位。如果你没有时间享受淘宝海淘的快乐，只想快速简洁地找到某件在商场看中的服装，不妨来*逛商城*看一看。

为了让用户切身体验到逛的乐趣，*逛商城*的首页特意模仿实体商场的设计，每一层通过一幅通栏图片代表一类商品，随着手指的滑动，用户仿佛徜徉在琳琅满目的百货公司。更有意思的是，连商品排列顺序也都符合人们对现实生活中"商城"的概念：门口为今日商场特价物品；一层为品牌女装，二层为精品男装；三层至十二层分别为鞋帽箱包、珠宝饰品、护肤用品、运动户外用品等等。

*逛商城*还可以帮助消费者"只选对的，不选贵的"。进入指定品牌购物页面后，所有商品按照上架时间排列，如果想选当季最新品，可以在里面挑挑看，如果想看价格最低的、折扣最大的商品，不妨点击购物页面上端的"销量""折扣""价格"按钮，这样就可以按照自

己的喜好查看店铺中的物品了。

不仅挑选宝贝如此简单，付款也只需轻轻一点。是"立刻购买"，还是"加入购物车"再转转，都由你说了算。选好合适的尺码和颜色，输入你的淘宝会员昵称和登录密码，就可以进入淘宝支付界面了。

技巧发现

　　如何保证手机购物安全？ 除了仔细确认支付环节的各项名目之外，保证手机购物安全的关键在于使用合适的支付方式。此处推荐将中意的商品收藏（方法是点击商品页面右上角的"收藏"按钮），再登录手机淘宝网，进入个人页面后找到已收藏的物品，通过"支付宝"购买，这样，在你收到商品并确认之后店家才会收到你支付的货款。

　　如何寻找商品折扣？ 寻找商品折扣的方法很多，主要有以下三种：关注商城首页每天进行的推送活动，一般而言这类商品的价格比较实惠；进入指定品牌的界面后点击屏幕上端的"折扣"按钮，可以查看该品牌目前的折扣商品；在支付阶段，仔细查看各类支付方式及不同银行的信用卡，通常商家会与某个指定银行合作，使用该银行信用卡付费有一定折扣。

同类应用

美丽说　　　　蘑菇街　　　　堆糖　　　　果库

蘑菇街——淘货美女的必备秘笈

不知从何时起，人们喜欢用"女人的衣橱里永远缺一件衣服"来揶揄女性对购物与生俱来的热忱。而现在，人们或许要改口说："女人的手机里永远少一个用来分享购物体验的 App"。独自逛街、独自购物、独自美丽不是这个时代的主题，更多的年轻女性选择通过移动互联网来与闺蜜们分享她们的购物体验。

*蘑菇街*的登录首页是大横幅照片引领的多图外观，看起来宛若市面上随处可见的时尚杂志，不同的图片代表着不同的商品分类。更妙的是，和静态的纸质杂志不同，*蘑菇街*的购物图片是动态变换的，撩动着每个人内心深处对美丽事物的渴望。

逛街界面提供了六大类数百种物品的展示图片。它们全部来自用户真实的购买经验。图片也能由用户自行发布上传。点击目标物品进入后将会看到同类物品的照片组成的照片墙，每张照片还标注有该物品的售价。在这里，你可以选择展示商品的排列顺序和选择范围，如按照物品风格展现，或者由系统自动推送最新、最热的物品。务实用户可以设置推送物品的售价和价格，以便精准定位自己想看的商品。选择具体商品，点击进入后可以对该物品进行评论或者进行是否喜欢的投票。

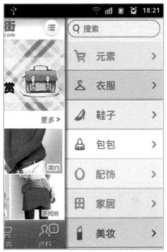

*蘑菇街*还内置了拍照功能。由于*蘑菇*

街主要通过用户发布购物图片来实现购物经验分享，因此，掌握这个功能是成为"购物达人"的关键。拍照界面和大家熟悉的新浪微博等应用很相似。下半部分很巧妙地将键盘区域暂时替换成拍照和相册选择选项。

点击屏幕左上角的照相机按钮，可以选择发布手机存储器中的照片或者立刻调用相机为眼前的物品拍照，再加上几句购物心得，就可以发布你的购物经历啦。当然，发布的购物经历越多，你的粉丝就会越多，现在，就拿起手机，开始你的"购物女王之旅"吧！

技巧发现 🔍

如何搜索我想要的物品？ 进入登录首页，点击屏幕右上角的目录按钮，可以分类搜索你想找的商品，此时可以直接在搜索栏中输入目标商品，也可以点击下端的分类按钮，根据系统的分类，根据用途、风格等提示词来逐渐锁定目标商品。

如何关注别的用户？ 在逛街界面中，选定感兴趣的商品图片，点击后可以看到发布这张图片的用户，点击左上角的用户头像，可以进入TA的个人主页，点击右上角的"加关注"按钮就可以关注这个用户啦。

同类应用 🔍

美丽说	逛商城	堆糖	果库

美丽说——发现最美的自己

同为社区型女性时尚应用，*美丽说*与*蘑菇街*肩负着同样的使命：给白领、学生等爱美女性的穿衣打扮、美容护肤支招。

打开*美丽说*，即出现粉色系的小清新界面，点击"逛宝贝"，交错排列的精美图片依次打开，即刻开启淘宝之旅，想找欧美风、甜美系还是复古范儿，这里都有。在*美丽说*不仅可以逛街，还可以分享潮流新品、搭配心得，更能够通过关注更多的时尚密友、搭配高人，看看各位美丽达人如何穿搭。

*美丽说*直链淘宝，购买方便。当你看中一样单品，可直接点击该图片，即可进入单品页面，这里为你呈现的是单品的大图片、简介、分享人、淘宝价格等。在该页面的底部导航栏中你可选择把它放入自己的杂志、或点"喜欢"收藏，或点"分享"把它分享到微博等其他社交平台。点击图中的"查看详情"即可进入该商品的手机淘宝页面，了解商品的详细信息，也可根据需要直接购买或放入购物车以后购买。

总的来说，*美丽说*属于社区分享平台，所以具有一般社区的功能，如可在首页底部导航栏的"我"功能里设置个人信息（包括头像，昵称），查看我的粉丝、关注、私信等。也可以通过

关注时尚密友、搭配高人来了解更多的流行趋势。还可以一键分享至微博、QQ空间等社交网站，与更多密友一起共享好物。

少不了的"猜你喜欢"功能，通过记录你对单品或其他用户的关注、收藏、分享等信息，来猜测你可能喜欢的单品，并推荐给你。

快加入进来，和百万MM一起修炼变美吧！

技巧发现

*美丽说*还有什么功能？从淘宝等购物平台分享商品到美丽说，当你逛淘宝等购物网站时，看见喜欢的商品，可在淘宝商品的分享中点击美丽说按钮，直接分享到*美丽说*平台；一键拍摄上传分享搭配，你可以通过自拍等方式上传时尚造型搭配，与大家一起分享美丽。

*美丽说*如何筛选自己喜欢的单品？为了更方便用户根据喜好分享、选择，*美丽说*还推出了细分时尚App，包括欧美风、昕薇甜美风、HelloKitty萌物志、机器猫百宝袋、轻松熊1001、小丸子萌物吧等。

同类应用

蘑菇街

逛淘宝

聚优惠

逛商城

第三章　易如反掌找房子

 掌上租房——便捷选房尽在其中

都说租房很难，*掌上租房*让它变简单。

作为中国市场上首款专业手机租房应用，*掌上租房*不仅得到了业内人士、第三方市场的肯定，也成功俘获了近百万租房用户的心。睡觉前、等车时都可以刷刷看有没有最新的房源，让找房真正做到易如反掌。

*掌上租房*提供了一站式的全网房源抓取服务，拥有非常丰富的租房信息。其背后是"九九房"搜索引擎的技术支持，能在第一时间找到合适的房源；其多元化的找房方式和推送功能，则切中了用户或急或缓、不同周期的选择需要。

"附近找房"和"路程找房"是以地理位置为基础的找房方式。当你置身于一个环境优美或生活方便的区域时，你可以用"附近找房"找到周边的房源；如果是为了上班方便，则可以用"路程找房"搜到一定时间内可步行到上班地点的房源。"路程找房"还贴心地提供了三种步速选择，不过它还没有智能到将地铁、公交的速度纳入考虑。进一步还可以在"房源筛选"中设定更严格的条件。

如果有心仪的区域或地铁站点，不妨试试"区域找房"和"地铁找房"，附近的所有房源都将一览无余。

在输入条件看到房源列表后，还可以按下方菜单栏的"地图"键，以更直观的方式浏览整合进各个小区的房源。只要长按某个地区，就能自动载入附近的房源。小区图标上还会显示可租房的数量，点击小区还可以看到均价。

点击房源列表中的某项，就可以看到更详尽的信息。包括租金、方式、户型、装修、楼层等，以及小区的配套设施等信息，还可以进一步对比这个小区的其他房源。如果初步满意，只要点击下方的短信或电话标志，就可以与房主或中介联系了。

房源推送是**掌上租房**较为独到也十分实用的功能。只要在合适的搜索条件内点击"关注"，就可以在设置的推送时间内得到满足需要的房源信息。不少优质房源可是十分紧俏的，利用这一功能就不难"秒杀"到性价比较高的房子。

技巧发现

推送频率设为多久较为合适？理论上推送频率应与自己选择房源的周期一致，如果不急着租房，就没必要"实时推送"，每天看一看就好了。不过，推送功能对网络和软件的要求比较高，在实测中似乎并不总能按设置的频率收到信息。相信开发商进一步改进后能解决这一问题。

地图中看不到地区中的房源怎么办？不少用户表示，地图页面和网站的连接常出问题；但切换回列表页面，反而能看到许多房源。

掌上租房的信息是否可靠有效？**掌上租房**整合了各种租房网站的信息，其筛选和整理水平还有待提高。目前实测中发现同一房源在不同中介手中重复发布的情况并不少见。用户应细心查看照片并在电话中问清情况，避免浪费时间。

同类应用

手机租房

好租租房

360租房

好租租房——更快更准找好房

掌上租房、乐居租房、手机租房、搜房……租房类应用层出不穷，*好租租房*是如何杀出重围的呢？看看它的身世就知道了。*好租租房*作为安居客旗下的租房应用，可以说是背靠大树好乘凉，自称每天更新数万套房源的*好租租房*，凭借着海量的房源信息，在租房类应用的混战中势如破竹。

当然，只有浩如烟海的房源还是不够的，更重要的是，*好租租房*为用户提供了极为高效的搜索方式，在页面设计和数据筛选上都煞费苦心，以便于用户在最短时间内找到称心如意的房源，并与线下的中介、现房对接。

找到搜索界面右上角的沙漏图标，点开它可以进入筛选条件设置，接下来就是见证奇迹的时刻。价位、户型、装修水平、出租人性质、租房方式各种筛选条件任你限定，几乎满足了租房者的一切需求，不少用户对于一个 App 有如此详细的筛选方式赞叹不已。不过，租金 4000 ～ 8000 元一档的跨度可是有些大了。

点击列表中的某套房源，可以看到房间照片、房型、面积、楼层、朝向等用户关注的房源信息。如果对房源比较满意，可以一键打通页面下方经纪人或房东的电话进一步咨询。

在地图页面房源被整合进各个小

区内，以直观的方式呈现小区的位置和环境，为找房的用户提供便利。用户还可以查看房屋竣工日期、配套设施、停车位、公交到达路线等小区概况。

另外，*好租租房*还提供了三种回顾较中意房源的方式，确保不会因为操作失误或忘记保存而遗漏信息。"我的收藏"是常规方式，能够长期保存信息；"最近浏览"可以快速找到最近看过的几套房源；"通话记录"则可以查看曾经拨打过的经纪人电话，哪怕没有接通的电话也会记录下来。

店长推荐！247平米豪华装修~可提包随时住~

租金	45000元/月	(整租)
房型	4室2厅3卫	
面积	247平米	朝向　西南
楼层	30/39	类型　公寓

技巧发现 🔍

如果对某套房拿不定主意怎么办？分享功能是*好租租房*较有特色的功能之一，可以通过微信、短信等发给好友帮忙参谋。*好租租房*还会自动在短信中写好经纪人电话等信息，方便好友帮忙询问。"分享"按钮在"联系经纪人"的右方。

如何甄别*好租租房*上的信息？几乎所有租房网站都存在图片、信息和现实房源不符的情况。虽说以现实房源为主，用户还是可以结合户型图比较后再考虑是否联系中介。

同类应用 🔍

掌上租房

手机租房

淘房网

房 搜房——手指移动轻松找房

不管是漂在帝都、魔都的北漂、沪漂，还是准备成家立业的中产，租房、买房都成了躲不掉的头等大事。虚假房源、无良中介，租房、买房一路艰难险阻，垂头丧气时不如来试试**搜房**。在移动互联网时代，"搜房网"为用户提供了一个新型的交易平台，买房、租房可以通过移动指尖轻松解决。

作为房产信息的搜索网站，搜房网在垂直搜索领域做得风生水起，名声在外。移动互联网浪潮来袭，搜房网也不甘示弱，顺势推出**搜房**客户端，继续在移动互联网领域攻城略地。

搜房客户端沿用搜房网的运作方式，继续主打搜索和发布功能。搜索栏被放置在客户端首页的显要位置，不仅可以按照热门楼盘、新开楼盘等标准进行精准搜索，还可以按区域、租金和租房方式等进行搜索结果排序。

与移动终端相结合，**搜房**客户端提供了基于地理位置信息的搜索服务。客户端首页右上角的指针可以进行本地定位，点击下面的"新房""二手房""租房""小区"等选项，可以显示你所在位置附近的房源信息。点击地图按钮还可查看房源所处的小区信息，包括小区的基本情况、房价走势、项目介绍以及附近的银行、学校、超市、医院等配套公共资源，也可以查看公交路

线、公交车站和地铁站等交通信息。

主页上方还为用户贴心提供了房贷计算器，可快速计算房贷信息。

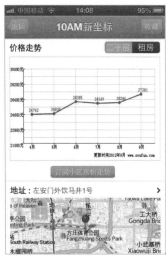

技巧发现

　　怎样设置在规定时间段发布或者介绍来自搜房网的信息？在首页"更多"选项中，点击"推送"设置进行推送时间段选择，然后将推送开关打开即可完成操作。

　　在搜房网中如何识别二手中介？在搜房网由于每个房屋信息下面都有联系电话，在确定租房之前，一定要打电话详细咨询对方的情况，以防被二手中介蒙骗。

同类应用

搜房帮

安居客

好租租房

掌上租房

赶集生活——"啥都有"的免费生活服务

　　小王是一位即将毕业的北京大学生，在这片生活了四年的土地上，走出象牙塔，他感到周围的一切居然都重新焕发出异彩，甚至有些陌生。毕业之后，他要租个房、添置些家具、买辆自行车，最好还要参加些结伴活动拓展人脉。但是周围有多少人有房出租、有家具物品转让、跟自己志同道合，还真是不熟悉。正好，地铁中姚晨赶着毛驴的广告吸引了他，他往手机里装上了*赶集生活*应用。打开它，周围陌生的一切都又像他熟悉的网络那样变得亲切起来。

　　*赶集生活*号称"啥都有"。刚到一地要安家定居，有"房产板块""二手物品""车辆买卖""生活服务"；毕业要赚钱糊口或是想跳槽转行，有"全职工作""兼职工作""商务服务"；要想提高生活品质，还有"婚恋交友""教育培训""票务""宠物"和"同城活动"。将这个应用装在手机中，就仿佛把海量信息纳入囊中，面对千变万化的环境和需要，自有运筹帷幄、波澜不惊之感。

　　小王打算买辆二手自行车试试，于是他点了"二手物品"，找了半天没有找到自行车这个类别；在首页又找了半天，最后在"车辆买卖"中找到了自行车一类。

从清爽的界面进入琳琅满目的自行车集市，小王有点不太习惯，但不必忍受线下集市的嘈杂喧嚣和各色气味，不必在偌大的北京城里奔波劳累，总是让人舒心不少。看栏目中有辆自行车的照片挺好看，价格也不贵，物主还在学校附近。小王就点击进去看大图和介绍，正好物主在线，还聊了几句，觉得对方比较靠谱，就约了个时间地点，顺利买到了这辆二手自行车。

　　看着应用界面中醒目的"发布"页面，小王暗想，原来二手交易这么容易，等我哪天想换辆好的越野车，我就把这辆自行车再转让给别人，既实现了环保和循环利用，又降低了开支，何乐而不为呢？

除了喜欢骑行运动，小王还是健身房的常客。要找毕业后的新住处，别的可以马虎，周围一定要有健身房。*赶集生活*上手之后，小王发现了这个新玩法：虽然"房产板块"中出租房的信息不一定全面、可能介绍中还有些水分，

但只要到了楼底下，就可以用"附近"功能看看周边的服务和设施。小王发现，他看好的三个备选出租房中，只有一个周围500米有健身房。再到健身房考察之后，小王终于放心了，这个出租房才是最适合自己的。他的任务单中，又可以划掉一项了……

技巧发现

如何发布新消息？ 在手机上拍了照，又觉得手机上发布有打字太慢等问题，可以通过"个人中心"中的"手机传图"功能传到电脑帖子上。

如何高效查找信息？ *赶集生活*中信息很多，有时候一个人会用几种身份发布重复信息、有时候回头又找不到上次联系过的人，这可以在"个人中心"中看看"最近使用历史"和"拨打记录"，避免重复劳动、提高找到合适商品的效率。

同类应用

百姓网

58同城

12580

第四章　代步出行有保障

 易到用车——私人专车新体验

　　不想在机场出租车候车区大排长龙，不想面对繁华市区打不到车的尴尬，只要你的手机里有**易到用车**，即刻尊享随叫随到的"私人专车"。

　　易到用车是一款定位较为高端、旨在提供私人专车体验的租车应用。曾被 App Store 精品推荐 4 次。它改变了传统租车应用只是简单地联通乘客与司机的模式，而是依靠完善的培训与奖惩措施，为乘客提供训练有素、服务周到的司机和较高档车型。

　　登录首页显示的是**易到用车**可以为你提供的四项基本服务："随叫随到""接机""送机"和"时租"，其中"随叫随到"是其主打功能，**易到用车**根据乘客的地理位置，自动定位距离最近的车辆和到达时间。此外通过首页还可以查看账户和通知，进入选车页面等。

　　点击"随叫随到"模块，乘客会看到一张附近地图，周围可用车辆一览无遗。只要按下"派车来接我"，**易到用车**就会向最近的司机下订单，司机收到后会立刻赶过来。据一位司机称，他们是没有权力拒绝乘客订单的，否则**易到用车**就会对他们有相当额度的处罚。无论行程路线是否偏远和拥堵、无论周围地段是否"热门"，**易到用车**都能有车及时接人，这与一些出租车司机较为挑剔的情况相比无疑相当具有诱惑力。

　　易到用车提供了四种可选车型（中级轿车、商务车、高级轿车、豪华轿车），为不同用户群提供个性化的服务。其中商务车多为别克陆尊，能容纳六人，这是的士和其他租车服务比较难以提供的。而高级轿车的司机多是西装革履，符合用车的目标定位。

选好车型，就可以付款了。
易到用车付款也很简便，只要
在**易到用车**上绑定了信用卡
（需验证安全码和预授权 1 元），
就可以享受先用车后付费的服
务。而且全程都是网络支付，无
需现金交易。在订单页面，乘
客可以看到所约车辆的行进情
况和牌号，免除了情况不明的

焦虑。当然，也可以一键"联系司机"，咨询车辆的搭载限额、路线安排等问题。

　　易到用车还提供接送机服务，如果太忙没有时间接送朋友，只要输入航班号，就能安排司机提供周到的接送服务。如果航班误点，还不用支付额外费用，司机会以航班信息为准。当然，接送机服务另有收费标准，并不仅仅按路程距离计算。

技巧发现 🔍

　　提前多久订车较为合适？如是"随叫随到"，并无时间限制，但乘客需要等待车辆抵达。如在吃饭时约好用车时间，司机会提前30分钟到达等待，到达时还会发送短信提醒。

　　如何尽可能降低费用？ *易到用车*定位高端，费用相比普通的士自然要高出不少。除了根据需要选择中级轿车和商务车外，在"通知"页面经常能看到易到的一些促销活动，每次活动都赠送20元左右的优惠券，可以直接抵扣车费。

同类应用 🔍

租车达人

打车达人

租车助手

租租车——租车比价好助手

作为工作日乘坐公共交通工具通勤的绿色出行者，周末也难免想要自驾和家人一起去拥抱大自然。没有自己的座驾，租车自然成为首选，但又不知道在哪家汽车租赁公司租车最划算，这时候一款好用的搜索比价租车应用就能帮上大忙了，*租租车*就可以完成这个任务。

*租租车*定位为在线租车的第三方搜索比价应用，目前服务已覆盖国内主流城市1400多个租车门店近300款车型。它为庞大的数据库提供了便捷的筛选功能，能在第一时间规划出最合算的租车方式。

*租租车*的首页底部有"国内租车""国际租车"和"更多"三个功能项。*租租车*的默认页面即是"国内租车"。"更多"中集成了"我的订单""意见反馈""用户指南""软件更新"等功能，设计简洁。

点击"国内租车"，只要选好"取车/还车城市"和日期、时间等信息，*租租车*就能在庞大的数据库中跨门店提供合适的车型。在"十一"黄金周等热门时期，不同租车门店安排了不同的时限限制，在这样的情况下*租租车*就显得格外实用。

选择了取车、还车的条件后，*租租车*就会按车型提供各个门店的报价。在列表页面中，用户可以看到车型的基本信息，点击进入后则能看到车型图片等详细信息。在地图页面，用户可以看到附近门店的相应报价。这对于赶时间或对距离比较敏感的用户来说很实用。

*租租车*用简明的方式将各门店的价格加以对比。如有些

租车店举办了新会员免费体验的活动，但加上保险和手续费后未必真能免费用上车。通过比价，用户可以更为理性地安排自己的租车计划。

在门店导航页面，用户可以在地图上看到所选门店的地址，通过"路线导航"可以很方便地搜索到公交、驾车和步行路线。但需要注意的是，门店地址只能供参考，还是要以现场寻找为准。例如，*租租车*将"神州首体店"定位在紫竹桥公园内，就存在一定误差。

在找到称心如意的门店和车型后，可以按"立即预订"来下订单。不过，*租租车*毕竟只是一款第三方应用，不能直接把订单下到租车公司，点击按钮后出现的只是"电话预订"的拨打窗口，还需要在电话中进一步确认预定信息。这一点较为不便，期待将来这款应用在预订方式上还能进一步改善。

技巧发现

车型太多选不过来怎么办？*租租车*提供了便捷完善的筛选条件设置，可以通过是否自动档、有几个座位、车型几厢、档次、租车公司、信用卡等选项筛选出较为适合的车型。由于不同的租车公司拥有的车型并不完全一致，这一点提高了*租租车*的实用性和参考价值。

对车型不了解怎么办？车型图片是*租租车*比较贴心的服务，在线租车不能在第一时间看到实际车型，对于不熟悉汽车的朋友来说造成了一定不便，车型图片则在很大程度上解决了这个问题。设定条件后会出现车型列表，点击每一项都可以看到具体的车型图片。

同类应用

租车达人

租车助手

全国租车比价

神州租车——品牌汽车全连锁

如果不想耗费精力搜索比价，只想在一家信得过的汽车租赁公司方便快捷地租到一辆得心应手的好车，那不如看看*神州租车*。

*神州租车*号称目前国内租车行业的"领跑者"，其门店覆盖面广、异地租取方便。以此为依托，虽然其移动应用更新较慢、用户体验尚有许多待改进的细节，可还是能为用户们提供一些独到的服务和便利。

打开*神州租车*，Win8 操作系统的块状风格首页，时尚简洁，"自驾预定""门店查询""登录注册""意见反馈"四种功能模块依次排列。轻点"自驾预定"，即可开始在线下订单。输入取车和还车的城市、门店、时间等，*神州租车*就会为你筛选可用车型。

*神州租车*提供了分类明晰、种类齐全的车型供你选择。在"选择车型"页面，*神州租车*按照手动紧凑型、自动紧凑型、经济型、精英型、豪华型、SUV等作了分类。下一步还可以选择儿童安全座椅、GPS 导航等增值服务。

与用户的身份证、驾照、信用卡等信息绑定后，根据车型完成不同额度的预授权后即可在线预定。其他租车应用限于接口，只能最后通过电话预定，而无法在应用内完成预定工作。

在"门店详情"中可以看到*神州租车*各门店的地址、营业时间和地图、交通等信息。但是，地址一般都写得十

分简略，而地图标注则难免有误差。例如一些不熟悉"鸟巢停车场"，而要从鸟巢 7 号安检口进入的用户，如果靠地图摸索*神州租车*"鸟巢店"，可能会多走一两公里冤枉路。

在确定费用明细、联系电话、身份证和车辆等信息后，可按"生成订单"完成下单操作。完成预授权后，会有一定额度的押金来限制修改或取消订单。

技巧发现

是按预定时间还是门店营业时间取车？ 原则上应按预定时间取车。但如果临时有事，只需要在门店营业时间内上门即可，不过还车时间还是以预定时间为计算标准。

如何享用优惠？ 在选择车型后的"增值服务"页面能看到正在举行的优惠活动。此外，完成订单后都可获得一定数量的"神州币"和积分，这可以在"我的神州"中看到。按照神州公司的规定使用这些虚拟货币，能够节省一些开销。

同类应用

至尊租车

一嗨租车

租租车

e代驾——开车喝酒两不误

又到年终聚会时，像以往一样，老杨开车载着大家去餐厅。今天经理特意带了几瓶好酒，犒劳辛苦一年的团队。老杨酒量颇好，可惜开车的他，一向与佳酿无缘。谁知这次，老杨也开戒了。他高兴地告诉大伙儿，他用上了 e 代驾。

e 代驾是一款提供代驾服务的手机应用。它会帮助你快速找到代驾司机，让喝酒、疲劳等不再成为阻碍你开车的理由。

打开 e 代驾，瞬间它就在地图上找到了你的位置。同时在地图上被标示出来的，还有你周围可执行代驾服务的司机以及他们的服务星级。标记为红色的司机正在服务中，所以不要打扰他们，而是去找带有绿色标记的司机。在"列表"中，你还能看到每位司机与你的地理距离。

选择一位司机，点击进入他的详细信息，可以看到他的代驾次数、驾龄、籍贯和驾照号码。最重要的是，可以看到使用过他服务的客户，都是如何评价的。服务星级一颗星的司机，不一定不是好司机，只是可能代驾经验较少而已。所以，你可以放心地使用他们的服务，满意的话记得给个好评哦。直接点击"呼叫该司机"，十几分钟后，他便会出现在你面前。

"价格表"中给出了你所在城市的服务价格表，10公里以

内算起步价，并且因时段而异。例如，北京白天的起步价是 39 元，而零点以后的起步价是 99 元。所以，爱逛夜店的潮人们就要多花些银子了，不过代驾师傅半夜开车也很辛苦啊。

　　e 代驾 是不是解决了你聚会不能尽兴的烦恼呢？快去邀请好友来一起下载吧，还送每人 10 元钱呢。如果你有优惠券的话，也可以使用哦。

价格表 北京

e代驾北京服务价格表

时间段	起步价(10公里以内)
07:00-22:00	39元
22:00-23:00	59元
23:00-00:00	79元
00:00-07:00	99元

1.不同时间段的代驾起步费用以约定时间为准，默认最短约定时间为客户呼叫时间延后20分钟。
2.按照车内里程总表计算公里数代驾距离超过10公里后，每超过10公里，加收20元，不足10公里按10公里计算。
3.约定时间前到达客户指定位置，从约定时间开始，每满

技巧发现

　　万一发生交通事故，如何赔偿？*e代驾*服务含有代驾险。代驾车辆为责任方时，先由客户车险赔付。超过车险的部分，按情况由司机和代驾险赔付。详见"更多"板块中的"关于代驾险"。

　　超过10公里如何计价？每10公里加收20元。如果司机师傅如约抵达后需要等候，每半小时收取20元。

同类应用

代驾通

安师傅代驾

代驾达人

第五章　旅游天地任我行

在路上——旅程记录多精彩

"我还年轻，我渴望上路"。美国作家杰克·凯鲁亚克的小说《在路上》鼓舞了一代又一代年轻人出发上路，挣脱束缚，去未知世界探险。现在，*在路上*可以陪你一起去冒险了。

*在路上*是一群爱好旅游的年轻人开发的移动应用，方便用户使用手机记录每一段旅行。拍照并编写文字后上传记录，系统会自动提取你当前的位置，并在地图上将发送每条记录时的位置连接起来，等你旅行结束之后，你就会拥有一份完整的图文游记。也可以通过该应用查看其他用户的精彩旅程。

*在路上*是一款免费应用，可以不注册不登录浏览，但注册登录后才能实现图片上传，分享和评论。按提示完成简单的注册登录后，进入首页，显示的是"广场"页面，该页面为你推荐其他用户最近的旅游分享，可直接点击浏览，也可评论分享。

点击首页底部导航栏"记录"进入记录页面。点击图片位置可拍照或上传手机里的图片，完成图片上传后，还可输入文字。完成信息输入后点击右上角的"勾"图标，即可上传记录。*在路上*自动加载时间和位置两个信息，使得行程记录看上去有序、清晰、美观。

点击首页底部导航栏的"目的地"按钮，进入"目的地"页面，这里汇集了附近和全国当前最热门的目的地和人气美图。每个目的地广场里的照片都是精选用户最新拍摄的当地特色的或有趣的照片，点击照片之后可以进入照片所属的整个行程。如果想快速浏览整个行程，可以选择快速浏览模式进行快速浏览，还可以对照片进行评论或和作者交流。

使用*在路上*发送的每条记录都可以通过点击相应的标志同步到如新浪微博、腾讯微博和人人网等社交网络，向朋友直播你的旅程。关注你感兴趣的人，在首页底部的"我"功能里就能查看自己的关注和粉丝等信息。

趁阳光正好。

趁微风不燥。

趁繁花还未开到荼靡。

趁现在还年轻，还可以走很长很长的路。

趁世界不那么拥挤。

趁飞机现在还没有起飞。

和朋友一起在路上吧。

技巧发现 🔍

*在路上*手机客户端还有什么特殊功能？ "导入历史旅程"功能：可快速批量导入照片，把你曾经没有使用*在路上*时拍的美好旅程图片快速分享出来。

*在路上*可离线使用吗？ 可离线记录，在没有信号或流量不够的情况下，*在路上*可以保存记录图片和位置，连接Wi-Fi后一起发送。

同类应用 🔍

面包旅行　　　下一站　　　玩伴　　　爱城市

航班管家——移动出行更便捷

北京、上海、香港、台北……起飞、落地、工作、再起飞、再落地、再工作……如果你身边的朋友或者你自己就是这样的"空中飞人"，没有一个得心应手的航班查询工具怎么行。*航班管家*为经常出差、旅游、机场接送等商旅用户量身打造，是"空中飞人"不可多得的贴身助理。

作为一款实时查询全国航班信息的智能手机应用，*航班管家*可提供覆盖航旅全过程的各类信息查询服务，包括航班信息查询、机票余票查询、航班动态与天气查询等以及登机口导航、机场大巴时刻表、天气预报、酒店预订、机场常用电话等实用工具。

*航班管家*无需注册便可直接使用。输入你想选购的机票信息，如出发城市、到达城市、时间、舱位或航空公司等，即可获得详细的查询结果，包括航空公司、航班号、机型、航站楼以及机票价格（含燃油附加费＋机场建议费）

和剩余机票数量等。最方便的一点是，*航班管家*预置了主流机票服务商热线电话，当你选好了要买的机票，就可以点击"预订"按钮，这时出来的并不是一个复杂的订票页面，而是直接为你接通

订票热线，进行电话订购。

　　当你需要了解自己想要乘坐或接机的航班信息时，就可以通过"航班起降"获取相关信息。输入航班号后点击查询，即可显示飞机起降时间、变更时间、天气状况等，并且附有起降机场的咨询电话，可以直接点击拨打，相当便捷。

　　除查询航班、机票信息外，*航班管家*还提供国内酒店查询和预订服务。只要按需要选择入住城市、入住日期等信息，你就可以查询到相关的酒店信息，并可以直接电话预定。

技巧发现

　　*航班管家*还可以提供哪些信息？除以上介绍的基本信息外，通过*航班管家*还可查询到具体的登机口、值班柜台、交通等信息，另外机场周围的商家及其所处位置、人均消费情况也可以查到。

　　*航班管家*还有什么功能？存储功能，可记录自己的历史查询信息，方便比较或第二次快速操作。特价机票查询，可查询30天内的特价机票信息。分享功能，可一键直接通过微博、短信等分享给亲友，方便接机。提醒功能，购买或查询航班后可存储该信息，并设置闹铃提醒。

同类应用

携程无线　　　艺龙无线　　　冬冬无线　　　去哪儿攻略

艺龙无线——出行入住好顾问

经常奔波在路上，一个月有一半时间在火车上、飞机上、酒店里度过，如果订火车票装一个应用，订飞机票再装一个，预订酒店还要再装一个，也太麻烦了。有没有一款应用既可以查询火车车次、航班信息，还可以直接预订酒店和机票呢？当然，试试我们给您推荐的**艺龙无线**吧。

一直以来，艺龙的手机客户端在 iPhone 和 Android 的平台都是最受用户欢迎的旅游类应用，下载量稳居前 3 名。而今，升级后的**艺龙无线**不仅界面更加友好，预订更加方便，而且增加了酒店团购频道，是国内首个专业的酒店团购 App。

艺龙无线的新界面让人不禁联想到儿时的七巧板或是拼图，几大模块简单直观地清晰呈现。点击进入"酒店预订"，**艺龙无线**提供了很多优化搜索的方式，帮助用户快速寻找理想栖息地。除了选择城市和入住日期外，用户可以在滑轴上自定义可接受的价格区间，便捷随心。用户也可以根据所在位置，寻找周边酒店；或是看看有哪些酒店特价，即定即住；也可以通过关键词如酒店名称、地址、商圈、行政区、地铁、交通枢纽等搜索，注册用户更可以收藏自己住过的或者心仪的酒

店，一键进入。对于搜索结果，用户可以筛选、排序并查看它们在地图上的分布。找到喜欢的酒店以后，用户可以进去看看酒店的简介以及照片，有哪些房型可以选择，网友如何评价以及酒店在谷歌地图的位置。

航班查询只需要选择起始地点、日期和舱位就可以了，用户不仅能看到所有的航班，还能看到该航班的余票情况和票价折扣。用户可以按照航空公司或机场筛选搜索结果，也可以按照时间或价格对搜索结果排序。找到合适航班后，点击进入——预定——（登录）——选择乘机人和联系方式——确认

支付，简单几步即可订到机票，也可以直接拨打电话预定。

艺龙无线同时提供火车乘车信息查询，除了按照出发、到达城市查询，也可以按照车次或车站查询。虽然不能订票，但是提供了非常详尽的列车信息，具体到每班次列车中途停靠每一站的抵达时间和停留时间，以及每一站的行车里程。

艺龙无线还提供了酒店团购服务，还会不时推出一些抽奖活动，让用户轻松快速地"抢"到实惠。

技巧发现 🔍

只有注册用户才可以订票吗？用户无需注册也一样可以玩转**艺龙无线**，最简单就是直接拨打热线了。不过注册用户还是享受更多便利，还有积分可以获取。注册流程简单，只需要手机号和密码，以后可以完善其他如身份信息、支付信息等，便于更快捷的消费。

首页的小喇叭图标有什么功能？这里是活动公告专区，**艺龙无线**会不时推出一些抽奖活动，奖品有免费游等等。时刻关注活动公告，也许下一个幸运儿就是你。参与方式很简单，只要下载**艺龙无线**客户端，转发活动信息到新浪微博就可以了。

同类应用 🔍

携程无线　　　　去哪儿旅行　　　同城旅游　　　淘宝旅行

百度地图——走遍天涯都是家

大学时的艾佳，被人送了两个外号："宅女"和"路盲"。这也不奇怪，整天呆在屋里，对外界缺乏关心，也很容易在都市的水泥森林中迷失。可大学毕业后，大伙通过艾佳的微博内容发现，她"宅"的次数越来越少，外出的次数越来越多，甚至还有"孤身闯天涯"的经历，而且还成为很多聚会召集人。是什么让这个"宅女"开了窍呢？大学的旧友们决定邀艾佳一聚，一来叙旧，二来探究一下让"宅女"发生变化的原因。

刚在即时聊天中提出了聚会的想法，艾佳双手表示赞成，主动担当"策局人"，并建议大家去吃以前闻所未闻的"豆腐宴"。"哪有豆腐宴呀？"第一个问题冒出来了，艾佳骄傲地说："问**百度地图**呀！"她打开手机中的**百度地图**，对着手机喊了一声"豆腐宴"，一会儿就出来一大堆结果。在选定了一个位于北京郊区的店后，大家又犯起了嘀咕，"怎么去呀？"艾佳回应说："问**百度地图**呀！"只见她在手机上输入起始地点和豆腐宴所在的地点，一条蓝色的线条便出现在地图上，清楚地显示出乘坐公交车的三种方案，有少步行的，有少换乘的，有尽量坐地铁的，此外还有驾车和步行两种选择。

又有人问："光吃饭有什么意思，吃完能再来点儿其他活动吗？"艾佳

依旧回答："问**百度地图**呀！"她在手机地图上锁定餐厅位置后，点击"周边"按钮，马上出现了该餐厅旁边的所有商场、电影院、咖啡厅、KTV，甚至连自动取款机都被清清楚楚地标了出来。

　　同学们心里已经很佩服艾佳了，但觉得还是要再"难为"下她，"能搞点优惠吗？"她爽快地回答："没问题，问**百度地图**呀！"她立刻调出了"折扣""团购""优惠"三个按钮，查找起豆腐宴相关的打折信息。同学们无话可说，感慨"士别三日当刮目相看"。艾佳得意地说："有它，我走遍中国都不怕，还能省大把的银子呢。在外地，我比当地人还门儿清。"

　　大家正准备从网上散去，艾佳突然想起了什么，补充说道："出发前想着看看**百度地图**实时路况，挑不堵车的路线。开车的把**百度地图**语音导航打开，让它给你指路。"这一回，大家一致同意，以后都管她叫"艾百度"了。

技巧发现

语音搜索、离线地图好用吗？ **百度地图**的语音搜索非常适用于自驾车，在操作的过程中不会影响眼睛的注意力，更利于专心驾驶。但语音功能需要另行安装。此外，**百度地图**还提供离线地图下载功能，可以事先安装经常用到城市的地图，在不联网或信号不好的时候，也能顺畅地进行地点查询。

同类应用

 高德地图　 老虎宝典　 搜狗地图　 图吧导航

第二篇
Di-Er Pian

听说读写我不愁

第一章 享受移动悦听时代

 QQ音乐——音乐你的生活

如果你有一双爱听音乐的耳朵，手机里怎么能少了一款优质音乐 App？打开 *QQ 音乐*，让我们一起把耳朵叫醒。

手机进入智能时代后，MP3 等专门用于音乐播放的设备开始失宠，而越来越多的音乐播放应用软件开始应用于智能手机。*QQ 音乐*便是其中一款跨平台的客户端，在 PC 端、手机端和 Pad 端各有不同的版本，其中手机端又分为 iPhone 版、Android 版和 Symbian 版。除了跨平台播出外，它还能够与腾讯其他产品契合、联动。

*QQ 音乐*坐拥海量正版乐库，喜欢的音乐几乎都能在这里找到。想听听最新、最流行的音乐，不妨点击"新歌首发""热歌榜单"和"精选推荐"。*QQ 音乐*还贴心准备了"我的音乐"功能，使用账号登录后，用户听过的、标记喜欢的或收藏的音乐都会出现在这里。随着使用时间的增加，"我的音乐"会慢慢形成用户自己独特的音乐库，把 *QQ 音乐*变成自己的私人听歌台。

值得注意的是右上角的"正在播放"，点击后即使用户进行其他操作或做别的事情时，播放器仍然会运行在"正在播放"的状态，用户可以伴随着美妙的音乐来处理事情。

电台功能也是在线音乐发力的新领域，*QQ 音乐*自然也不能落下。点击进入"电台"能够看到"私人频道""公共频道"和"歌手频道"，其中"公共频道"又按乐曲风格或者喜爱标签进一步划分为热歌、思念、乡村、华语、粤语、欧美等几十个不同的频道。"新歌首发"和"热歌榜单"里是可以直接点击播放的乐曲列表，"精选推荐"有所不同，为用户推荐的是以主题划分的一组歌曲，如"小提琴能够承载多少悲伤"，可以选择"播放全部"或"添加全部"。

在线播放歌曲时，轻轻划过该歌曲的封面静态图，就可以看到实时滚动的歌词了。

技巧发现 Q

如何将PC端的*QQ音乐*同步到手机端？点击底部导航栏中的"更多"进入，在"个人账号"使用QQ账号直接登录，同时可以将在PC端的*QQ音乐*上所做的设置与所选的曲目同步到移动设备上。

*QQ音乐*如何操作可以更节省流量？点击"更多"进入，可以看到"歌曲设置"里的"离线收听"按钮，点击后*QQ音乐*会帮你在Wi-Fi环境中自动把歌单里的歌曲一一下载，确保你喜欢的音乐随处可听。关闭"离线收听"后，歌单里的歌曲仍能收听，但由于关闭"离线收听"时清除了离线文件，收听歌曲将进行联网操作。

同类应用 Q

百度音乐

酷我音乐

豆瓣音乐人

虾米音乐时代

酷我音乐——百万歌曲装进口袋

与系出名门的 *QQ* 音乐相比，*酷我音乐*（以下简称*酷我*）算得上是异军突起。正如其口号"听音乐，用*酷我*"一样，*酷我*是苹果 App Store 中很受欢迎的音乐播放器之一。它所具有的百万高品质正版音乐的选择和免费试听缓存、电脑手机无缝同步等功能，很好地满足了用户把好音乐装进口袋，随时随地想听就听的愿望。好音乐装进口袋，随时随地想听就听，随时随地分享好音乐！

*酷我*的界面布局一目了然。首页设置了四个标签："推荐""分类""排行"和"歌手"，在"推荐"里是一些设置好的播放列表，如"听听这些节奏舒服的韩语歌曲"。"分类"标签则更加随意和人性化，是以感性的"抒情""寂寞""怀念"和"开心"等贴近用户的情感情绪或是情境再现进行分类，这也是*酷我*的一个特色。

如何添加歌曲？一是添加本地歌曲，首次登录时可以自动扫描添加，此后可以进入功能菜单，在"设置"下有"扫描歌曲"；二是下载网络歌曲，进入网络榜单或进行搜索，找到自己喜欢的歌曲，长按下载歌曲，自动添加至正在下载中，下载完成后，就可以在"全部歌曲"中和"下载完成"中找到你下载的歌曲了。

与 *QQ* 音乐一样，*酷我*也提供了音乐私享化功能，点击"我的歌曲"，可以看到"缓存歌曲""默认播放列表""我的最爱""最近播放"和"我的收藏"五个类目。其中"我的收藏"需要*酷我*账号登录之后才能看到，可以跨平台查看自己收藏的内容。在*酷我*的"我的歌曲"板块，还设置了新建播放列表功能，用户可以随心所欲地创建自己感兴趣的一组歌曲。

酷我之所以广受好评，还因为它在细节处为用户想得周到。酷我提供了几项贴心的设置，允许线控操作、晃动手机切歌、拔出耳机暂停播放与锁屏显示歌曲图片等多种方式可供用户自行设置，凸显出酷我对于音乐欣赏和播放情景的细致设计。与客户端相关的设置也设计得比较合理，包括软件基本信息、更多相关产品推荐和意见建议反馈渠道。同时提供兼容 iPod 播放模式。在苹果 iTunes 的用户评论中说，"电脑用酷我，手机也用酷我，一直用酷我"，通过这些贴近用户的创新设计应该可以理解这款软件受到诸多用户喜爱的原因。

技巧发现

如何对酷我的歌词进行个性化设置？ 有三种：1）卡拉OK：选择此设置，歌词会逐字显示，犹如卡拉OK的效果。反之，歌词逐行显示；2）缓慢滚动：选择此设置，歌词会缓慢向上滚动。反之，歌词会随着歌曲逐句快速向上移动；3）淡入淡出：选择此设置，歌词句与句之间切换时，颜色会逐渐变浅。反之，歌词会瞬间变成默认歌词颜色。

同类应用

天天动听　　QQ音乐　　爱音乐（iMusic）　　豆瓣音乐人

百度音乐——享受品质音乐生活

　　有没有那样一首歌在倾盆大雨中陪着你度过人生中最艰难的时刻？有没有那样一首歌在寂静午夜陪你度过漫漫长夜？有没有那么一首歌，在别人眼里旋律暗哑，歌词老旧，却偏偏能带给你一份永生怀念的回忆？如果你正是这样只想简简单单地听一首歌的略微有点儿老牌的家伙，恭喜你，*百度音乐*正是你想找的那款简简单单的 App。

　　这款 App 从设计风格上，可以让你一眼就认出是百度旗下产品：金属质感的盒子、耳机、加上百度的"度"字母拼音。作为一家搜索引擎公司出品的音乐 App，*百度音乐*也把最大的努力放在了如何让你以最快方式找到想听的歌。

　　*百度音乐*首页毫无悬念地将搜索框置于最顶部，以突出其搜索功能，在搜索框后面还提供了语音录入功能，这对你来说，不愧是个好消息。在这里，音乐潮人、怀旧派，死忠粉都可以按照"接榜单""电台""歌手""新碟上

架""精选专题"和"新歌速递"等方式查看自己想听的歌。

　　在桌面互联网时代百度 MP3 的榜单就深受用户喜爱，在*百度音乐*中"榜单"被放在第一位，点击进入是收录了最新流行歌曲的"新歌榜"、最热门的歌曲的"热

歌榜"，还有"媒体榜"，由三个媒体音乐排行
榜——BillBoard、Hito 中文榜和 KTV 金曲榜组成。
如果用户想听自己喜欢的歌曲，只要输入相应的
歌曲、歌手、专辑名称即可；如果没有特别喜欢
的，点击进入榜单则可以对现下的流行信息一目
了然。

百度音乐网络收藏功能里集成了百度的统一
账号服务，只要使用百度账号登录，即可实现跨
设备的音乐库整理与分享。

你还可以在离线状态播放音乐，**百度音乐**提
供了"全部歌曲""歌手""专辑""我的下载"和
"播放列表"五个操作选项，在离线的状态下也可以随时随地欣赏自己喜爱的
音乐。

技巧发现

如何降低在线听歌时的流量消耗？ 应用设置中值得关注的是"仅使用
Wi-Fi在线听歌"的功能，开启此功能后，音乐播放器只会在Wi-Fi状态下载
歌曲，这个贴心可以帮助用户节省流量，而其后的"边听边存"则可以将在
Wi-Fi下联网听过的歌曲自动存到本地，在离线状态仍可继续重播刚刚存储到
本地的歌曲。在功能设置的最后一项是"玩转**百度音乐**"，通过图文并茂的方
式展现如何使用这款音乐播放器。

同类应用

音乐台

酷我音乐

豆瓣音乐人

天天动听

多米音乐——随时倾听潮流前线

　　多米音乐（以下简称**多米**）的特立独行从第一眼看到它的 Logo 时就能发现，作为一款专业的音乐播放器，它的标志既没有常见的音符，也没有耳机形状，而是一个让人有点费解的图案：太阳？雪花？瞳仁……引人遐思。也许这正是多米团队自我认知的映射——"一群有点 geek，有点野心，还有点文艺的年轻人"。**多米**的客户端版本覆盖了所有的主流平台，包括 PC 端、Android 平台、iPhone 端、Symbian 端和 Windows Phone 端。

　　对 geek 来说什么最重要？当然是简洁的界面了，看看 Google 越来越简洁的首页就知道了。**多米**的首页很干净，上来就是"登录""注册"，接着是三个简单的选项——"iPod""缓存"和"我喜欢的"，随后是一个"新建歌单"。**多米**的目的很简单：让你找到自己刚听过的歌，让你保留最喜欢的曲目，让你找到也许有点儿兴趣的音乐，剩下的，就交给耳朵吧！

　　如果你是个早已习惯手指滑动世界的家伙，那**多米**对你来说再合适不过了：**多米**的播放列表很独特，在播放列表的左侧，是上一页面板的边缘，通过手指的滑动很容易将上一页拉回来；播放器和播放列表在同一页面，可以很方便地知道当前播放列表和正在播放的乐曲状况。右下角的图标点击后可以展开歌曲的封面图片和歌词模式。在单曲播放界面的右下角则是社会化分享的按钮。在单曲播放模式

界面，同样可以看到 KTV 模式的歌词滚动，在歌词下面是播放进度显示以及各种控制按钮。

按照你的风格放音乐：点击首页左上角的齿轮图标，首页会自动浮动到页面的右侧边缘。设置选项包括"账号相关""播放设置""实用功能"和"软件信息"。在"播放设置"里，音乐品质默认为自动匹配，可以根据联网状态自动选择是高品质优先，还是流畅播放优先，边听边存的设置也很人性化；在"实用功能"里，仅在 Wi-Fi 下使用的选择可以为用户节省流量，睡眠模式让喜欢听着音乐入睡的用户感觉更为舒服。

技巧发现

如何使用云同步？云同步允许用户在多个设备之间共享歌曲。多米实现云同步的方法主要有两种：

第一种：手机→PC：将喜欢的歌曲添加到"我喜欢的"（或者是新建列表）中，然后在"我喜欢的"界面点击云同步（或者在设置中设置为自动同步），登录电脑多米查看同步内容。

第二种：PC→手机：将喜欢的歌曲添加到"我喜欢的"（或者是新建列表）中，电脑多米会自动同步（弹出提示栏），然后登录手机多米，在"我喜欢的"界面进行查看。

同类应用

百度音乐

虾米音乐时代

酷我音乐

豆瓣音乐人

第二章 畅听个性网络"电台"

 豆瓣FM——收听专属个性化音乐

"豆瓣"可能是国内第一家将"电台"概念引入在线音乐的公司。如果身为音乐达人的你还不知道"豆瓣电台"并不是真正意义上的 FM 电台,而是一个音乐收听工具,那么强烈建议你加入豆瓣家族,和一堆文艺发烧友一起展开一段音乐旅途,因为这款应用目前在苹果 iTunes 用户中的评分是五星。在收听过程中,你可以用"红心""垃圾桶"或者"跳过"告诉*豆瓣 FM* 你的喜好,*豆瓣 FM* 将根据你的操作和反馈,从海量曲库中自动发现并播出符合你音乐口味的歌曲,"*豆瓣 FM* 是你专属的个性化音乐收听工具"。

相信吗?*豆瓣 FM* 可以被当成一个随意打扮的小姑娘哦!*豆瓣 FM* 的首页类似一个老式的音箱面板,默认进入的是"公共兆赫"(即未登录用户的播放列表),下面进一步地细分为娇兰小黑裙、Polo GTI、卡萨帝声想、

新鲜范、华语等五花八门的主题。任选一个主题,*豆瓣 FM* 就开始自动播放了。如果喜欢当前播放的曲子,可以点左下角的心形表示喜欢。如果不喜欢,可以点右下角的">>"跳过,换下一首。

玩*豆瓣 FM* 时,也许你可以忘记播放列表。*豆瓣 FM* 会记录并分析你的每一个操作,即时调整为你推荐的曲目。你提供给*豆瓣 FM* 的反馈信息越多,它就越了解你的音乐口味。点击"红心",*豆瓣 FM* 会给你播放更多类似品味的好歌。"垃圾桶"仅在私人兆赫可用,一首歌被扔进垃圾桶后,

豆瓣 FM 将不再为你播放它。暂时不想听一首歌曲，也可以选择"跳过"，但频繁的跳过操作会影响豆瓣 FM 的推荐。

你可以这样做一个"豆瓣达人"，首先，分清私人兆赫和公共兆赫。私人兆赫可以通过分析你的收听记录和播放时的操作行为，为你播放你可能喜欢的音乐。你在公共兆赫收藏的红心歌曲也能影响你的私人兆赫。

技巧发现

怎样"调教"豆瓣FM？豆瓣FM提供三种方式来调整你的收听内容，分别是"红心""垃圾桶"和"跳过"。红心表示"我喜欢这首歌"，点击红心后，豆瓣FM会给你放更多相似的歌曲；垃圾桶表示"我不喜欢这首歌"，点击垃圾桶后，豆瓣FM将不再向你推荐相似的歌曲，垃圾桶只能在私人频道使用；跳过表示"我暂时不想听这首歌"，点击跳过后，豆瓣FM会继续给你播放下一首歌。

同类应用

QQ音乐

百度音乐

酷我音乐

天天动听

音悦Tai——畅享高清MV盛宴

音悦 Tai 是给那些不仅仅满足于耳朵享受的家伙准备的：它提供了一种在移动设备上欣赏 MV 的体验，是智能手机上可以随时点播的音乐电视。如果说其他音乐播放器还是停留在听觉的畅享中，音悦 Tai 则是提供音乐欣赏的视听盛宴，只要你有 Wi-Fi，只要你的流量够多，干吗不在无聊的旅途中看点儿世界各地最新最火的 MV？

音乐怎么可以没有海报？音悦 Tai 的首页是近乎全屏的大幅海报，构思精巧、画质细腻，带给你异乎寻常的视觉冲击和情感体验。点开左上角的音悦 Logo，可看到"我的音悦"内容收藏；右上角的图标点击进去是搜索功能。在首页的底部，并列放置了五个图标——"首页""MV""V 榜""悦单"和"更多"，每个图标下面配有文字说明。首页两种选择播放方式，一是点击右下方的播放按钮直接播放悦单，另一个是点击大海报的任意地方，进入悦单再进一步选择 MV 乐曲播放。

和 TA 一起看个 MV 播放？在首页大海报上点击感兴趣的悦单，即可进入悦单详情页面或直接播放页面。在 MV 详情页面，能够看到该 MV 的详细情况以及相关资料。在页面底部，是"添加悦单""收藏""缓存""分享"

和"微信"五个按钮。有趣的是，如果点击*微信*，而系统又安装了该软件的话，会直接将*微信*呼叫出来进行相应的操作，应用间的融合很密切。

当然，你也可以把最喜欢的 MV 下载到手机里，反复欣赏。在电脑上复制地址栏视频播放页链接，若没有打开"音悦 mini"，先打开"音悦 mini"客户端，输入用户名和密码，点击登录；点击下载 MV 按钮弹出下载视频窗口，将在浏览器地址栏复制的视频播放页地址粘贴到"视频播放地址"输入栏中，选择"下载保存目录"，点击开始下载就可以了。

技巧发现

如何找到缓存的MV？点击"我的音乐"按钮展开子菜单，再点击"下载管理"按钮即可进入缓存管理界面，在此界面可以对缓存的视频进行管理。

同类应用

天籁K歌

酷我音乐

虾米音乐时代

百度音乐

听广播啦——随时收听心爱电台

*听广播啦*与时下各种打着"电台"旗号的应用不同，它是一款货真价实的广播 FM，通过联网点播数字广播音频。如果你觉得如今走在大街上拿着爷爷的收音机听广播是一件不那么时尚的事情，恭喜，你终于可以拿出最新款的手机听广播了。

有了*听广播啦*，你可以大声说：让被本地交通广播占据的日子走开吧！*听广播啦*让你能听到全国甚至世界各地的广播节目，它的分区导航默认的是按省划分，在省区面板点击上级，还有国家列表，可以直接收听其他国家的广播；心形符号表示收藏当前收听的电台；后面的人像图标是一个个性化的设置，可以自定义频道；最后的齿轮图标表示应用设置。页面的底部是一部红色收音机，液晶板上动态显示的是当前收听的电台、收听的时长等信息；功能控制部分有播放／停止、录音按钮，在右侧还有上下滑动的声音控制。

无论是威武雄壮的评书演义，还是温柔彻骨的小情歌，所有的一切都从同

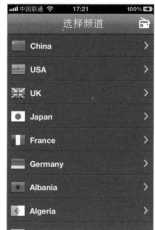

一个沉闷的小黑匣子中播放的时代已经结束了，听广播支持自定义壁纸，随心换桌面，只要你愿意，可以看着清明上河图的桌面听杨家将，也可以看着心爱偶像的大片听专辑。此外，*听广播啦*还支持 Retina 高清显示；首页面流量实时显示，方便 3G

用户控制流量；支持电台录音，离线状态同样播放收听；iOS4 及以上版本支持多任务背景播放；亮度调节，省电环保；定时睡眠关闭，贴心周到。

　　猜猜*听广播啦*一共能收到多少个频道？也许你会大吃一惊：这里有中国 300 多个电台，包括 CRI、北京、上海、广东、台湾、香港等电台；此外，还有海外英国、德国、法国、日本、韩国、加拿大、澳大利亚等 2000 多个电台。

　　听广播啦 Wi-Fi/3G 流量实时显示和重置功能，为流量敏感用户保驾护航；可查询本月、上月流量使用数据，避免超支。此外，你还可以使用：开启 / 关闭 3G 下使用、自定义显示（隐藏）工具栏，自动记忆最后一次播放，收藏夹，最近播放记录，显示播放时间，电台搜索等功能。

　　来听听真实用户的声音吧：不出国，无需借助强大接收设备，我们的心原来还能飞得那么远。我们真应该感谢制作这个软件的人，我们还有一个建议，如果能自己设几个文件夹区分喜欢的电台类型就更完美了。

技巧发现

　　*听广播啦*的电台节目是实时的吗？*听广播啦*App本身是通过Internet连接电台的流媒体，是实时的节目内容，与播放的歌单内容是不同的。也因此无法预先缓存节目，但可以在节目播放时录制，后续收听录音。

同类应用

蜻蜓广播　　超级收音机　　百度音乐　　虾米音乐时代

蜻蜓广播电台——海量广播尽在掌中

忙碌的城市，行色匆匆的你我，似乎越来越习惯于沉浸在自己的世界里，点滴耳语，冷暖自知。那么，不如打开**蜻蜓广播电台**（以下简称**蜻蜓**）听听广播，寻找一下旧时记忆吧？这是一款在移动设备上收听广播的软件，全面收录了中国内地、港澳台地区、海外地区的广播电台，是中国覆盖面较大的移动应用收音机软件之一。据蜻蜓官方介绍已与数百个电台、DJ 合作，拥有十三个主题分类、六大功能模块、三大收听特色，目标是为众多广播迷朋友打造跨地域收听广播的完美体验。

蜻蜓似乎想传达给你这样的讯息：没有榜单，只管找你想听的内容吧。蜻蜓的首页界面极其简洁，黑色大背景加上镜面效果的主屏给人感觉很通透。整个主页面分为三个部分——顶部是功能设置及导航、中部是频道及播控信息显示区，底部是对频率刻度和频道指针的模拟重现。如果你只是想简简单单地听一段广播，那么，就抛弃那些繁杂的设置吧。打开**蜻蜓**之后，在不做任何操作的情况下，**蜻蜓**会自动播放一些推荐的内容或者默认情况下的用户配置。

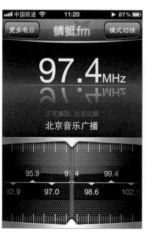

在选台界面，**蜻蜓**的做法更像是门户网站而不是一款广播应用。第一排选项按收听主题来区分，包括新闻、体育、音乐、曲艺、经济、交通、都市、生活、文艺、旅游、外语和方言等；第二排中，在中央人民广播电台、中国国际广播电台等国家台

后面依次是直辖市及其他各个省区的电台；第三排，在日本、美国、法国、新加坡电台之后，是中国香港、台湾、澳门等地的热门频道；第四排是一些与收听相关的辅助功能，任意点击某一主题或地区选项，就可以自动返回到播放主界面。

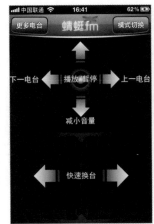

你喜欢传统的广播还是更中意社交体验？*蜻蜓*支持两种播放模式：互动模式和传统模式，传统模式强调播控操作的便捷性，在页面中央提供了上下电台的逐个切换，下部还提供了"快速换台"的功能，主控页面上下滑动是调整音量，而互动模式则强调了互动性，在频道指示区下部多出了"参与互动 @ 电台主播"的选项，同时缩小了底部的频道指针的区块。

开车的时候，你可以切换到车载模式，单手触控，方便快捷。行走中，直接轻按线控马上换台。

技巧发现

怎样与DJ互动？ 在*蜻蜓*的互动收听模式下，可以与主播亲密接触，近距离互动，跟随DJ一起边听边聊。在互动模式下关注电台、节目的每日话题，可以更好地参与讨论，优秀评论会被主播选上节目。

同类应用

超级收音机

听广播啦

百度音乐

虾米音乐时代

第三章　有声阅读全新体验

有声小说——徜徉美妙小说世界

　　什么？难道你就是那个至今没看过一本网络小说的家伙？好吧，文章太长，等连载太慢，作者水平良莠不齐，这些都是好理由，不过，为什么不试试有声小说呢？对于那些你不愿意聚精会神阅读的小说，或许有声小说可以帮你实现一个懒散阅读者的全部愿望：走着、坐着，一些无聊而琐碎的时间里，总有人愿意为你说个故事。

　　有声小说界面质朴明快、免费资源丰富多彩，是苹果系统上不可多得的有声书应用。它号称拥有"10000+ 每天更新"的有声书库，能够满足不同人士的需要；尤其是微型小说和评书、相声的数量庞大，适合碎片时间的学习和娱乐。

　　其实，有声小说提供的不仅仅是小说。有声小说提供了四大类收听内容："小说""相声小品""评书"和"综艺娱乐"四个大类。小说下面又细分为"言情小说""经典文学""纪实文学""文化科教"和"人物传记"等许多类别。相

声小品和评书是以演员的名字分类，综艺娱乐则分为"经典珍藏""名家专栏"和"梨园戏曲"等类。只要点击细分的类别，就可以看到有声书列表。

　　你有没有过这样的经历：听评书的时候某个章节总是反复听到，而你想听的部分则永远存在于伟

大的"下回分解"中。**有声小说**以章回分割的办法来解决让听众快速找到过往进度的问题，在图书页面可以看到有声书被分割为许多章回，点击具体章回就可以试听，当然也可以点"提前下载"，下载到手机中就可以随时离线听书。

对你来说，比听过了的内容反复听更让人纠结的，大概就是正听到精彩的部分"卡壳"吧？注意，**有声小说**播放器上栏的进度条到了100%就可以听到书了，如果怕卡，记得等等加载哦。中间进度栏显示的是这个章回已经听了多久、还可以听多久，还有书籍的封面图片；下方控制栏则分别可以选择"上一回""暂停"和"下一回"，还可以拖动调节音量。

在收藏夹页面，听众可以看到自己过去保存的不同类别的有声书，省去了重复查找的麻烦。在右上角还可以点击"编辑"删除听完或不想再收藏的有声书。

有声小说提供的可选设置比较简单，不过却很实用："后台播放"可以在打开其他应用时继续播放有声小说，"连续播放"可以自动跳入下一进度，"定时关闭播放"可以在入睡前设置好，避免用户入睡后整夜播放的情况发生。

技巧发现

一节一节下载有声小说太慢怎么办？ 在图书页面中图书简介的下方，有"全部下载"和"取消下载"两个按钮，方便听众一键下载整本书，或者因故取消此前的选择。

同类应用

善听

酷听

天籁听书

懒人听书

懒人听书——换个方式轻松阅读

懒人听书的开发者一开始就知道他们在为那些慵懒的家伙找一个偷懒的方法：工作繁忙眼睛疲劳之时或公交地铁颠簸之处，午间休息小寐之时，戴上耳机，让**懒人听书**帮你放松！

首先，你得找一本感兴趣的书。**懒人听书**的首页简洁大方，直接引导用户进入选择有声书的操作。页面上方是"分类""最新""最热"和"推荐"四种荐书方式。其中"推荐"是新增方式，根据热点话题推出节目专栏。首页右上角是搜索图标，方便用户搜索自己喜欢的内容。底部菜单栏则分为"在线收听""我的下载"和"收藏·历史"，后两者方便用户找到自己下载过或听过的有声书。在"更多"页面中，可以设置下载方式，查看下载任务和反馈荐书等，对了，如果你对听书有更多的需求的话，悄悄提示一下，这里还有育儿节目和百家讲坛可以选择哦。

懒人听书最耀眼的是多姿多彩的热词。

懒人听书的搜索页面较有特色，它将搜索热词以生动的字号和色彩呈现出来，如果用户没有明确的目的，可以从中得知大家最感兴趣的是哪类内容。这与"最热书籍"这类更为具体的推荐方式相得益彰。不过，热词载入的时间较长，第一次使用的用户容易忽略。

懒人听书还提供了"最新"与"最热"两种常规荐书方式。下载一本书就增加了它的"人气"。

现在，你可以开始正式听书了。**懒人听书**的播放页面包括分割列表和播放器两部分。由于技术限制，目前的听书软件大都无法提供周全的自动书签功能，为了能够方便地跟上进度，有声书大多分割为几十个小节，听众需要记住自己听到了哪个小节。播放器除了停止、暂停/继续和下一节三个按键外，下方的进度条还可以在触屏手机上拖动，时间进度信息也会随之调整。

喜欢的书，存一个吧？遇到精彩好听的有声书，就可以将它收藏起来方便下次收听。如果忘了收藏，也可以在曾经下载过的有声书和最近收听过的有声书两栏中找到。

*懒人听书*的"收藏/历史"会自动记忆进度，只要点击收藏中的有声书，就会自动跳到上次的进度，十分方便。

技巧发现

有时候**点击收藏跳不到上次进度怎么办**？通过收藏自动设置书签的办法，如果碰到手机突然没电、软件意外退出就没辙了。目前除了按节回顾搜索，并没有更好的办法找到自己的进度。因此要尽量记得自己听到的章节号。需要注意的是，*懒人听书*会记录播放的文件和自动跳到下一节。

同类应用

善听　　　　有声小说　　　酷听　　　天籁听书

善听——海量读物任君选择

善听是为那些即使活跃在移动互联网上，仍然希望他们的生活节奏可以慢一点的人准备的。它的 Logo 做得简洁直观，一个耳机，中间是一本打开的书，"听书"之意不言而喻。渐变的深蓝配色也给人宁静的感觉，符合阅读、倾听的语境。善听号称是"Android 最好的手机听书软件"，后面居然没有附加"之一"。这款软件到底如何呢？接下来我们就一探究竟，看看这个据说单日 PV 突破 500 万的应用到底是什么吸引了众多用户。

善听让你慢慢地发现自己想听什么了。如果你不知道自己想听点儿什么，那么不妨挨个打开一层层的导航栏："书架""书城""本地"和"更多"，总有一款适合你。如果是首次进入或者是未登录的用户，会被自动导引到书城的推荐栏目。点击列表页上部的二级导航，如"人气""热评"和"最新"等，会有不同的列表出来，而最后一个"分类"点击进去能够看到按内容主题的分类列表，如"百家讲坛""名家评书""精品相声"和"儿童读物"等，紧接着还有"有声小说"类别，下面进一步按小说的类目细分为"武侠""言情""都市"和"悬疑"等不同主题内容。

有了善听，你相当于拥有了一部可以互动的书架，这是个人播放历史和书柜归集的地方。想找回听过的内容，可以到这

里翻阅即可。

首页面底部的最后一个功能图标是"更多"，点击进入是关于该应用的设置以及相关信息的一个列表，大致分为"设置""个人中心""社区账号"和"反馈意见"和"常见问题"等。在功能设置里还是提供了很多实用的功能，比如"定时提醒""自动返回""书城无图模式"和"自动续传"等。其中的"流量保护"可以在非 Wi-Fi 连接下提醒用户，并且善听所有的音频文件都经过专业压缩处理，更省流量。

对了，如果想下载书籍又想节省流量的话，可以在 PC 端把书籍下载好后放到手机的 /mnt/sdcard/ShanTing 这个文件夹里，然后打开善听就可以听了。

技巧发现

如何避免下载中启动切换到手机套餐流量？如果是开着Wi-Fi进行下载，而中途Wi-Fi断开的话，善听会自动切换到手机套餐流量，想避免这种情况就要把3G开关关掉。新版或会增加非Wi-Fi网络下不下载的限制。

同类应用

懒人听书

有声小说

酷听

天籁听书

第四章　智能语音当好助手

 讯飞语点——智能语音懂你指令

也许你还没有用过语音软件，但是你一定看过或听过网络上流传的那些宅男宅女们"调戏"Siri 的萌段子。而实际上，语音软件绝不像你想的那样简单。语音智能是互联网和移动互联网应用发展的前沿领域，可以免除按键和手写的繁琐，给用户带来便捷的语音交互体验。**讯飞语点**就是一款基于讯飞语音云平台（需要联网识别）的新一代智能语音手机软件。这款软件通过与智能手机进行语音交互，可以实现打电话、发短信、搜音乐和上网查询等一系列指令。

其实，**讯飞语点**只是想让你寂寞的时候能和手机说说话。根据用户设定模式的不同，**讯飞语点**的首页可以显示两种界面，一种是功能界面，一种是对话界面，界面朴素简单，主要功能一目了然：打电话、发短信、打开应用、音乐、查询天气、火车航班、提醒和上网搜索等功能依次排列，点击即可进行语音对话，提问并获得答案。

打电话和发短信是语音智能辅助的两项基本功能。例如，选择打电话功能后说"打电话给妈妈"，应用就会自动搜索通讯录，并拨通妈妈电话，当然，千万记得在你手机里那些亲密爱人的昵称哦，因为**讯飞语点**暂时还猜不到你的心嘛！

语音拨号不但可以识别已经存在的联系人，同时支持对电话号码的识别。

　　手机中转载的应用越来越多，你可能需要仔细地查找才能发现、打开。点击"打开应用"功能，说出"打开 UC 浏览器"，那么助手会自动搜索并打开浏览器应用。

　　点击"查询天气"功能，说"明天的天气怎么样"，助手会按照"北京天气"关键词自动搜索、显示三天里的天气状况。

　　点击"火车航班"功能，说"帮我查下北京到上海的火车"或是"我要订一张去南京的机票"，助手就会给你显示搜索的结果，不过只能提供电话订票。

　　点击"音乐"功能，说"我想听周杰伦的歌"或"来首刘德华的《忘情水》"，助手便会帮你搜索本地和网上歌曲，并自动转到播放器页面。

　　点击"上网搜索"功能，说"搜索林书豪"，会进入到百度搜索页面；说"打开新浪网"，可以直接链接到新浪网。

技巧发现

　　如何找到基本功能以外的语音功能？点击手机屏幕下方的功能键，进入设置页面，选择功能列表，可以看到餐饮美食、查询股票、地图导航、聊天等更多的语音功能。

　　如何快速新建联系人？直接对**讯飞语点**说如"新建联系人，张四138×××××"就可以了。转发联系人也很方便，直接对**讯飞语点**说"把张三的号码发给徐亮"一步搞定。

同类应用

Siri

谷歌语音命令

语音360

语音助手

虫洞语音助手——人机交互霎时连通

　　阿宇绝对是一个时下流行的所谓"极客"：热爱技术，相信计算机已经并且将继续"主宰世界"。一个极客在选择语音软件时，首要的当然是这款软件的智能程度，而**虫洞语音助手**（以下简称**虫洞**），正是阿宇的选择。

　　周一上午 12 点，阿宇登录**虫洞**，轻松按下底侧的话筒说出："我饿了。"**虫洞**立即搜索显示出附近的餐厅供他选择。而对着电脑工作了半天的阿宇此时有意让眼睛放松一下，轻轻一点，**虫洞**便开始逐一朗读搜索结果。当然，阿宇也明白，这种语音和朗读功能并非所有人都能接受，在不便说话或者不想让周围人听到自己的搜索内容时，他也会选择手写输入。想关闭系统的自动阅读？很简单，点一下右下角的小喇叭就是了。

　　对阿宇来说，有了**虫洞**之后，再也不用细心整理手机内的软件分布，并一一记住它们的位置了。虫洞仿佛一个言听计从的小管家，为他随时调用手机的各类功能。阿宇所能想到的 12 类语音交互功能："语音聊天""发送短信""拨打电话""音乐播放""上网搜索""搜索查找""查找附近""软件管理""地图导航""备忘

提醒""语音翻译"和"手机操作"，**虫洞**全部 hold 住！

　　搜索查找是阿宇最常用到的功能。除了查询天气预报和餐饮信息之外，阿宇最常用的就是对着**虫洞**说出自己最感兴趣的关键词，了解更详细的幕后。有次阿宇无意中对着**虫洞**说了"乔布斯"，惊喜地发现手机自动搜索并显示了乔布斯的信息，并提醒他《乔布斯传记》已经上市。

　　开车时，阿宇早已不用在车载导航仪上写写画画，一句"人大到北京西站怎么走"，助手就会返回路线信息，并附有路线图；只要阿宇需要，系统还能提供路况

和交通管制信息。

利用语音翻译功能阿宇可以轻易获得汉译英帮助，具体方法是利用"翻译"这个命令前置词，或者"用英语怎么说"这个命令语，来进行快捷翻译，如说"翻译'我爱你'"，"'我爱你'用英语怎么说"，语音助手会立即反馈给他翻译结果。

当然，阿宇也明白**虫洞**的回答有时并不百分百准确，此时就可以用人工"调教"的办法来提高它的智能水平，例如对一些问题人工输入答案后，**虫洞**会依照答案来回答，随着使用人数的增多，群策群力，助手回答的准确率会越来越高。

技巧发现

如何打开手机内应用？ 对**虫洞**说"打开微信"。在两秒之内，**虫洞**就为你打开了*微信*。同样，你可以打开其他一些手机内的应用。如果**虫洞**发现你手机内没有这款应用的话，它会向你询问是否需要下载。

还有哪些常用设置？ 可以在语音助手首页设置功能里，更换背景图片，在"讯飞语音"和"谷歌语音"两大语音系统中进行选择，对朗读的角色声音也可以选择，还可以设置备忘铃声和进行清屏操作。

同类应用

讯飞语点

百度语音助手

谷歌语音命令

语音360

第五章　无需花费敞开聊

 微信——便捷交流随时随地

什么，在智能手机大行其道的时候你居然就是最后那个还没有用过**微信**的人？如果有一天发现自己的手机静悄悄的，很多朋友都不再联系你了，那么可能不是他们忘了你，而是你忘记加入**微信**大家庭了哦。

微信是一款通过网络快速发送语音短信、视频、图片和文字，并支持多人群聊的手机聊天软件。由于其使用简单、找朋友便捷、发送内容方式多样，因而使用人数增长很快，也越来越成为移动时代流行的大众交流工具。

如果你是 QQ 用户那么一切就变得简单了，你只要在**微信**登录界面直接输入你的 QQ 号和密码，根据提示即可完成注册；如果不是 QQ 用户，在**微信**登录页面时选择"没有 QQ 号？使用手机号注册"/"创建新账号"，然后输入你的手机号码，根据提示完成注册即可。

微信是一款免费应用，注册完成后即可使用，本身不收费，但产生的流量按标准收费。假设你是初次使用**微信**，那么可以先点击底部菜单栏中的"找朋友"。另外，你还可以对自己的资料进行个性化设置，点击底部菜单栏的"设置"按钮，

根据提示一步一步地完善个人信息，换个更炫的头像吧，取一个别具一格的昵称，设置精美的聊天背景、导入手机通讯录、设置隐私权限，总之，你可以按照自己的喜好，来决定你的**微信**。

微信找朋友方式多样：点击首页"朋友们"按钮，下一页会出现"添加好友"，点击后就可以添加朋友了。

如果你碰巧知道几个好友的*微信*号码，可以选择按号码查找：直接输入已知朋友的*微信*号，按提示即可完成添加。如果你是个彻彻底底的"读图一族"，可以利用"扫一扫"二维码添加：点击"扫一扫"后会出现拍照镜头，对准对方提供的二维码拍摄，即可完成添加；如果你是个 QQ 活跃分子，可以从 QQ 好友列表中添加。

*微信*的"朋友们"功能还能帮助你寻找到陌生人聊天：通过查看"附近的人"找朋友聊天，或"摇一摇"功能帮你找到和你同一时刻在摇动手机的人开始聊天。

*微信*可以提供多人聊天和对讲：要通过*微信*发起一个聊天很简单，只需点击首页右上角的"发起聊天"，就会出现已添加的好友列表，点击好友就可开始聊天。可通过点击底部的"通讯录"找到好友开始聊天，同时也可添加多人进行"群聊"。开始聊天后，会出现聊天对话框，直接在文字框输入汉字点发送；也可以进行"语音对讲"：点击聊天页面左下角的语音标识，出现"按住 对话"按钮即可开始录音，录完后松开"按住 对话"直接发送，对方收到后点击收听，非常方便。另外还可以根据喜好发送表情、图片、视频等。

技巧发现

*微信*还可以提供哪些信息？腾讯新闻每天会通过*微信*推送当日重要新闻，可直接点击阅读。

*微信*还有什么功能？可在微博平台直接查看腾讯微博的好友微博更新，也可以把*微信*中的信息直接分享到腾讯微博上。

同类应用

米聊　　翼聊　　手机QQ　　飞信

手机QQ——尽情乐享聊天愉悦

　　童童使用 QQ 已经超过 10 年了，打开手机登录已经成为每天必做的事情。地铁公交上、无聊的会议中、午夜 KTV 的后半场，童童总会不自觉地拿出手机和 QQ 上的朋友们聊一聊。

　　童童第一次登录*手机 QQ* 时，下意识地输入了自己的 QQ 账号和密码，果然顺利登录了*手机 QQ*。作为一个拥有 10 年 Q 龄的老手，她熟练地选择了"隐身登录"，以躲避过于热情的网友。当然，如果没有账号，可以点击注册按钮进行免费注册。有意思的是，通过设置，你可以使手机和电脑 QQ 同时在线，接收群消息和声音提示等功能。

　　"天晴朗，家乡在望"，正处于归家旅途中的童童在自己的 QQ 头像和网名下面修改了最新的签名状态。点击签名档右上角的 V 形按钮，还可以设置个人感情状况，显示登录位置和聊天背景图。列车经过一片金黄色的稻田时，童童赶紧用手机拍下了美丽的瞬间，在*手机 QQ* 页面中央点击"上传照片"功能，分享照片给自己的 QQ 好友。

　　每次登录后，童童都会点击页面底端的会话按钮，即时更新的联系人会话页面立刻呈现，如果有未处理的会话，在好友头像处会显示红点。当她想跟朋友聊天时，点击好友按钮选取你想聊天的好友即可进行语音聊天或视频聊天。工作时想偷偷聊天？没问题！童童退出对话页面后，朋友发来新信息时，她的手机会振动提醒。好友页面右上角两个人按钮处可以查看群消息。

点击"会话"页面左上角的位置按钮，可以查看附近的人，会显示周围有哪些人在上网并且距离自己有多远。在"对附近的人说什么吧"处可以广播你想跟他们分享的消息。同时也可在"附近的人"处设置查看偏好，可按性别进行选择。页面底端还可以查看"与我相关"的QQ用户，点击可以查看与你拥有同一签名档或者星座等共同资料的用户，也可添加他们为你的网友。

前阵子，童童有些忙，没有同往常一样天天登录，这次，她刚一登录就点击我的页面上"动态"按钮，按时间倒序查看自己的好友动态，发现好友芬芬分享了新的照片，童童迅速在动态的下方有转发和评论功能处发表了自己的评论。

技巧发现 🔍

怎样设置聊天背景？ 在会话处，选择你想聊天的好友，然后点右上角的倒三角形按钮，即会弹出好友名牌，设置聊天背景等选项，点击设置聊天背景即可设置背景颜色或者使用本地照片作为聊天背景。

聊天时，怎样进行页面截图？ 如果你想保存与好友聊天、特别是视频聊天时的截图，同时按住iPhone的Home键和关机按钮即可截图；如果是Android系统，则需要91手机助手辅助截图。

同类应用 🔍

米聊　　Skype　　KaoKao交友　　飞信

米聊——好玩免费自在畅聊

阿胜是小米手机的狂热粉丝。正是从抢购的小米手机中，阿胜第一次认识了*米聊*。*米聊*是一款专门为智能手机用户设计的免费社交沟通工具。它改变了传统2G 时代短信、彩信、打电话等较为单一的沟通方式，现在阿胜只需要支付少量的数据流量费用，就可以使自己与好友之间的跨平台沟通变得更加便捷、丰富。

阿胜还记得自己第一次使用*米聊*时并没有独立账号，不过他很快发现可以通过自己的新浪微博账户登录*米聊*。登录完成后最重要的步骤就是"找人"了。在首页的顶端图片上依次排列搜索、附近的人、邀请好友、握手、扫描二维码和晒名片等 6 种添加好友的主要方式。而根据阿胜之前填写的个人信息授权情况，系统也为他列出了可能认识的人的列表，供阿胜方便快捷地添加*米聊*好友。使用搜索功能可以按照姓名/*米聊*号/学校/公司等关键词进行搜寻添加好友。

对话聊天是阿胜每天都要和自己的"小米发烧友"们进行的，通过屏幕下方的导航功能模块"对话"，阿胜可以快速地与好友聊天，对话框中可输入文

字、图片和表情，图片的类型包括手机拍照、本地图片或者 GIF 动画。嫌打字麻烦的时候，阿胜也常与朋友们语音交流，点击小麦克图标，录制一段语音，可以直接发送给对方。

*米聊*把地理位置信息与社交结合起来，阿胜将自己的地理位置公开（之前还需要设置头像和完善性别等个人信息），可以方便快捷地查询到附近的*米聊*用户。

广播功能有点儿类似阿胜玩过的微博，有新鲜事需要分享给所有的*米聊*好友时可以直接发广播，发送的内容有文字、照片、涂鸦、语音以及 GIF 动画。广播支持 @ 好友功能，可以使你的好友在第一时间看到这

条广播，并支持回复和转发互动。

阿胜用一张自己的照片做了头像，为的就是让好友一眼认出自己。点击"个人中心"背景可以更换各种绚丽多彩的背景。个人中心下方可以看到米世界的各种应用，点击"安装应用"按钮，可以自行挑选并进行安装。

握手是阿胜最喜欢读的好友添加方式，手机"摇一摇"只要双方同时运行"握手"功能，轻松一点，二位就能快速成为好友关系。不过，目前塞班版本暂不支持此功能。

阿胜的*米聊*名片是一张含有头像、用户名、*米聊*号和二维码的名片，通过扫名片好友可以轻易添加阿胜为好友。

技巧发现

如何更换聊天背景？ 点击聊天界面左下角的"MI"键，找到"更换背景"图标，点击即可进行背景挑选。

如何邀请多人对话？ 在与好友聊天的界面，点击聊天界面左下角的"MI"键，找到"多人对话"图标，点击进入，即可邀请好友加入多人对话。

同类应用

微信　　　　飞聊　　　　翼聊　　　　爱聊

第六章 碎片阅读长知识

 新浪微博——随时随地分享新鲜事

自从大名鼎鼎的**新浪微博**推出了手机版，"低头族"便又更忙了一些。餐厅里、公交车上……随处可见刷微博的人；北京的立交桥、繁忙的火车站、街头的奇葩……即拍即传，还可以用滤镜特效美化一下；机场里对着手机比画剪刀手的自拍达人，一会儿他们的位置信息就通过微博分享给朋友们了。

和 PC 版**新浪微博**一样，用手机你可以关注任何人的微博，可以看图片、看视频，可以转发或者评论，可以给朋友发私信，还可以收藏微博。你还可以将关注的人分组，例如同事、同学等等，并向某一组人定向发信息。你可以悄悄关注前男友不被发现，或是将闺蜜们拉进"密友圈"，分享只属于你们的内容。

想多关注几个人？去"好友"板块里寻找新朋旧友吧。摇一摇手机，感应一下周边的朋友；或是在通讯录里找找久未联络的老朋友。你也可以让**新浪微博**猜猜你认识谁，并为你推荐。你还可以看到每一个分组里都关注了多少人。

发微博之余，你可以去"广场"漫步，这里有很多有趣的专题和应用。例如，你可以下载一个"天气通"，听黄渤给你"一本正经"报天气。你不但能预知出行天气，还能知道是不是适合遛狗。或者，你可以去"微刊"瞅瞅，订阅笑话或者美文。从旅行到科技，这里都有。如果你有特别关心的人，或者听朋友介绍了一条有趣的微博，你也可以在这里搜索一下。

这时，"消息"栏提醒你，有新人关注你了。快去查看一下，顺便看看是不是有人发私信给你或者评论你的微博了，也说不定你的名字正被谁"@"了。

如果你觉得小清新的手机*新浪微博*界面还不够炫？那就换个俏皮的主题，例如喵星人或是超级玛丽。

技巧发现 ⌕

网络不好，微博没发出去，还得重写？ 不用！去"更多"功能里的草稿箱，没发送的微博都保存在那里。

如何取消关注？ 在首页或者"好友"里找到想要取消关注的人，进入他/她的个人主页后，取消"已关注"。

图片、视频太耗流量，怎么办？ 你可以在"更多"功能里，将"阅读模式"设置为文字模式。这样，你只接收微博的文字部分，可以节省流量。

同类应用 ⌕

微格

腾讯微博

搜狐微博

人民微博

QQ阅读——尽享你的个人图书馆

晶晶是个彻彻底底的书虫，利用每分每秒的时间阅读就是晶晶生活的全部写照。不需要华丽的书架，也没有绚丽的背景，*QQ 阅读*的外观想打造的或许就是晶晶这类书虫内心深处渴望的一个天然质朴的私家图书馆。内容方面，腾讯则一如既往地表现出"随大流"的特点，晶晶所需要做的就是根据提示确认自己的性别、年龄、愿意为网络阅读支付的金钱数量等项目，系统就会逐步锁定当次阅读内容。下面，让我们跟着晶晶一起来体验一次阅读之旅吧。

同许多阅读类 App 一样，*QQ 阅读*的登录首页实际上就是读者的个人书架。作为女生，爱美的晶晶本能地想美化一下自己的书架，却发现 *QQ 阅读*的书架采用了不可更改的灰白色背景，不过用过一阵子后，晶晶反而喜欢上了这种简洁、朴实的风格。*QQ 阅读*首页仅设计了 5 个按钮，通过"书城"进入在线书城选择目标图书，点击"阅光宝盒"可在功能拓展区域下载相关软件包，"书架"帮助用户整理和新建书架，"导入"则可以从手机存储设备中调用已有的可读文件。

丰富的藏书量是晶晶选择 *QQ 阅读*的重要原因。*QQ 阅读*的内容主要来自腾讯书库以及大量版权图书的下载及免费阅读章节。点击进入"书城"后可以发

现，系统除了按照内容将图书分类推荐外，还按照性别、年龄等读者特征将书库内容进行分类。如针对女性读者的关键词包括"穿越时空""青春校园"等。此外，对于刚刚涉足网络阅读领域的读者，系统也在搜索栏下端提供了"看看大家都在搜什么"的板块，方便读者直接点击链接当前的热门资源。作为一名资深网络阅读用户，"免费阅读"的概念已经深入晶晶脑海，QQ 书城排行榜特别划出了"免费榜"，这对于晶晶来说不啻是个好消息。

书龄漫长的晶晶对于书籍的挑选早就有自己的想法，

而"精选书单"就是针对晶晶这样在阅读上稍显"挑剔"的资深读者的。*QQ阅读*制作的精选书单专辑，每期一个主题，随着时间、季节、热门事件不断变化。如国庆长假期间，这个栏目推出的读书专辑为"途书馆：带一本电子书去旅行"。

"阅光宝盒"是*QQ阅读*的功能拓展平台，在这里，晶晶可以购买付费图书，查看已收藏的内容并根据需要下载插件，如"有声书城"——听有声读物；"Zip和Rar支持"——读取压缩文件；"Office格式支持"——阅读word、excel、ppt文件等，此外，在这里还可以查看你看书时所做的阅读笔记。

技巧发现

如何更改阅读背景及进入夜间阅读模式？进入阅读界面后点击手机菜单按钮，点击"阅读背景"可以在系统内置的7种阅读背景间切换，如"羊皮纸""水墨江南"等。用户还可以通过点击自定义按钮设置个性化的阅读背景。如需进入夜间阅读模式，可点击画面右上端的"灯绳"图标，系统会自动切换为夜间阅读模式。

如何调整字号及字体？进入阅读界面后点击手机菜单按钮，在双排菜单栏中选择"字体调整"按钮可调整字号大小。系统默认字体为唯一选择，如需选择其他字体，可点击"更多"字体进入字体下载界面，目前共有2种免费字体，4种限时免费字体可供下载，如选择其他字体则需付费。

同类应用

熊猫阅读　　　阅读星　　　网易云阅读　　Flipboard

云中书城——阅读在云端

云中书城的得名相当富有诗意，出自李清照的名句"云中谁寄锦书来"。浪漫的诗句暗含了盛大文学旗下两款息息相关的产品：作为 App 的**云中书城**和作为电子阅读器的**盛大锦书**。而对于爱书的人来说，这个美丽的名字或许也寄托着这样美好的意愿：在这个无纸化备受推崇的时代，你是否还想带着一点怯怯的心思，等待着打开一卷泛黄的书页，寻找遗失在青史中的那一朵红花。

青青是一个热爱幻想的高中生，她选择**云中书城**的理由很简单：因为这里包含了国内目前最火的晋江、红袖、起点等网络文学网站的海量小说。点击"书城"按钮后，青青可以欣赏到**云中书城**最为精彩的推送内容。作为一款盛大旗下的 App，**云中书城**的内容资源主要来自两方面，一是原创文学，主要是晋江、起点、红袖、潇湘等盛大旗下的网络文学网站的原创作品；二是传统图书的电子版，这其中既包括《红楼梦》等文学名著，也涵盖部分已经出版的知名网络文学作品。

对于青青这样对网络文学相当熟悉的用户来说，找到一篇自己想看的小说并非难事，他们或是直接查看榜单，或是直奔一直推崇的作者专栏查看最新更新内容。但是，如果你是一个刚刚涉猎网络文学的用户，**云中书城**一样为你准备了强大的编辑推荐系统。在书城界面，你可以看到专业的图书编辑按照近期的时事热点整理的系列图书推荐，如电影《白鹿原》上映期间推出原版小说《白鹿原》，中日钓

鱼岛争端发生时推荐"每个人都有强国梦"系列图书。**云中书城**这种独有的资源整合方式非常适合关心社会热点的读者进行有针对性的阅读。

青青拥有一个独立的**云中书城**账户，用来购买自己喜爱的作家的付费阅读作品。**云中书城**提供的绝大多数内容需要付费阅读，此时熟悉"个人账户"的使用就显得尤为重要了。**云中书城**支持用户通过手机号码、盛大账号等多种方式登录。其中使用手机号登录将免于注册，并赠送一定价值的点券，方便初次使用**云中书城**的用户体验购买热门小说 VIP 章节阅读的乐趣。当然，你也可以选择不登录而直接阅读付费小说的免费章节或者完全免费的小说。当点击个人账户页面的"注销"按钮时，系统提示登录并不增加额外流量，点击"确认"后将退出登录。

由于大多数网络小说篇幅都较长，为了保护眼睛，青青早就将阅读界面按照自己的习惯进行了设置。此外，不喜欢阅读中被打扰的她还将系统默认的"推送通知"关闭了。

技巧发现 🔍

如何在手机、电子阅读器、个人电脑等多个终端看到我订阅的图书呢？使用手机号或盛大账号登录**云中书城**后，点击首页右下端的"设置"按钮，在"书架同步方式"中选择你希望同步的图书，就可以在多个终端查看你名下的图书了，系统默认的是所有订阅图书都同步。注意，如果没有登录的话，就不能享受此项服务了。

同类应用 🔍

起点读书　　　蜜蜂读书　　　安卓读书　　　多看阅读

91熊猫看书——你的移动阅读百宝囊

对严谨的郑阳来说，选择阅读类 App 并不是一件很难的事。在对比了时下几家最火的同类产品后，他最终选择了 *91 熊猫看书*（以下简称*熊猫*），"它不是宣传最高调、界面最绚丽、内容最新颖、操作最简便的，但却是综合实力最均衡的。"郑阳认为。

书架形式的登录首页似乎已成为移动阅读类应用的"标配"，*熊猫*的系统默认两款皮肤外观："仿木"和"橙色"，想要进一步修改界面可以点击屏幕左下方的熊猫图标打开隐藏工具栏。在这里，你可以对阅读时的字体、字号、亮度、皮肤等进行设置。当然，喜欢绚丽外观的朋友需要额外下载字体，而其中大部分都是需要付费的。

*熊猫*的"心脏"是界面正中央为系统默认推送的书籍，如不合意可以轻点书册，待图表上出现 × 号后可以将其点击删除。在被选中的书籍上还可以看到"编辑"按钮，点击后会出现书名、文件大小等信息；点击创建快捷方式按钮，可将喜欢的书籍放到首页桌面上，读者可以直接点击快捷方式阅读而不必打开软件。

最吸引郑阳的是*熊猫*严谨而强大的图书目录。*熊猫*甚至可以自动感知郑阳下载的各类可读文件的章节分布，并自动为其建立目录，方便阅读。对每一本首次阅读的图书，系统会自动跳转至目录，任郑阳选择阅读起点，下次阅读则会直接进入上次阅读的界面，位于正文页面时，还可以点击屏幕上端的目录按钮，重新回到目录界面。用了一段时间后，郑阳发现，在线阅读模式中，每点击阅读一张相当于将一章节下载到手机中，下次阅读时即使不联网，也能够再次阅读已经下载的章节。

*熊猫*兼容了目前市场上几乎所有主流的在线书城，

可以通过点击书城界面的小说、图书两个按钮进入选书界面，在这里，包括云中书城、纵横中文网、潇湘书院等知名网络文学网站的阅读资源都可以任你选择。

除网络文学之外，*熊猫*还兼容了杂志和漫画阅读功能。点击书城界面下端的"杂志"和"漫画"按钮可进入阅读。由于漫画阅读需要加载的内容较多，*熊猫*同时提供全本漫画下载，方便用户离线阅读。具体方法是进入漫画界面后点击具体作品名称，然后选择"全书下载"。

正在阅读这篇文章的你，或许刚好喜欢和朋友们聊聊。放心吧，*熊猫*支持发表书评或者笔记。点击手机菜单按钮后，选择右侧画笔按钮就可以写书评了。

技巧发现

如何通过*熊猫*搜索目标阅读内容？进入登录首页后点击"书城"或"公告"按钮后，可看到屏幕上方出现放大镜图表，点击后可进入搜书界面。目前*熊猫*的搜索功能仅限于搜索小说和杂志，暂时不能搜索漫画。

如何搜索文章中的特定语句段落？进入阅读界面后，点击手机菜单栏，选择搜索按钮，在搜索栏中输入特定词句，如"我"，系统会按顺序将文章中这个词句加黑。

同类应用

百阅

掌中阅

云中书城

iReader读书

网易云阅读——书虫的移动书袋

有没有想过，有那么一天，阳光灿烂，微风习习，你别无他事，只想带着一本看到精彩之处的小书，在这城市里漫游——漫步云端，漫步书海？那么，现在你不用再为究竟带哪本书去漫游而发愁了。这种集合了电子图书、数字杂志、海量互联网资讯，并具备社交功能的 App 正在成为书虫们的移动书袋。在国外，它或许叫 Flipboard，而在中国，它的名字叫*网易云阅读*。

*网易云阅读*的登录首页很像时尚杂志经常使用的"大片"。每次用户登录时，系统都会随机选取数张高清图片以幻灯片形式播放，很具视觉吸引力。

*网易云阅读*是一款以用户订阅为主，同时兼容 txt 文本阅读的 App，用户可订阅 3000 多本杂志和 10 万本书籍。点击"我的订阅"右侧的三角箭头，会出现"我的书籍"和"我的订阅"两个选项。对于订阅书籍，*网易云阅读*提供类似"书架"的排列模式，通过点击具体的书籍可进入阅读章节。点击最下端带有"＋"符号的书籍将会进入内容中心，用户可搜索自己喜欢的书籍，并点击书名右侧的"＋"号完成订阅。

时光一点一滴地流失，也许现在的光照度和早晨已经略有不同，为了保护

你的眼睛，也许你需要调整一下系统的字体和亮度了。*网易云阅读*支持用户根据自己的偏好对订阅内容的排列方式、阅读字体、刷新频率、屏幕亮度进行调整；同时，用户还可以通过对*网易云阅读*进行设置实现更多的社交需求：例如用户可将自己感兴趣的内容保存到个人的"有道云笔记"，并启动实时刷新模式。

实际上，*网易云阅读*的内容大致包括三类：电子杂志、正在连载的新书、已经完本的书籍。对于前两类来说，由于内容随时更新，需要用户即时刷新，以便能

阅读到最新的内容；而选择订阅完本书籍则相当于将其下载到了本地，可以随时取阅。通过点击菜单栏可以调整阅读页面的亮度、字体大小等，同时可以通过拖拉进度条选择阅读进度。

这是一个没有秘密也藏不住隐士的时代，即使你刻意离群索居恐怕也很难真正脱离自己的社交圈子。既然如此，不如索性和朋友们分享一下自己的阅读体验吧？作为一款充分考虑到用户社交需求的应用，*网易云阅读*能够在阅读过程中满足用户的多种需求：点住页面2秒后会出现工具条，在这里，你可以复制目标文字，添加自己的备注或者翻译选中的片段，以及通过绑定的社交网络账号转发选中的内容，这意味着用户可以通过简单的"选中——转发"操作与朋友们分享自己正在读的书。

技巧发现 🔍

如果订阅内容较多，如何把按照书架（矩阵）排列的书报调整为列表形式？可点击"菜单"按钮，从"设置——首页视图"中将浏览方式调整为"列表"。

如何启动离线下载功能保存读物？点击"菜单"按钮，启动"允许移动网络离线下载"。同时可在"离线下载管理"中对离线下载进行进一步设置，系统还可以设置定时下载，并自动感应到Wi-Fi网络后开始下载。

同类应用 🔍

QQ阅读

阅读星

云中书城

ZAKER

人民新闻——及时、权威的新闻资讯

如果你还在使用浏览器进入 wap 网站看新闻，那么不得不说，你真的还没有达到玩转移动互联网的程度。忙碌的今天，在移动中获取信息已成为一种常态。**人民新闻**即是一款可以为手机用户免费提供及时、权威的新闻资讯的应用，信息涵盖时政、国际、社会、财经、军事、娱乐和健康等各领域。

现在，让我们手把手教你玩转移动互联网的新闻阅读吧。下载安装这款 App 后，无需注册和付费就可以免费阅读当日重要新闻。你是否曾经对手机阅读海量信息的疲劳感怀有天然的畏惧？使用**人民新闻**的话大不可必有这种担忧啦，**人民新闻**的首页显示专业编辑为你推荐的当日 20 条重大新闻。你也可以在顶部导航栏中选择自己想看的新闻类型，如时政、国际、财经和军事等。

点击进入单条新闻后，你可以继续选择字体大小，触屏拖拉浏览新闻，还可以一键收藏自己喜欢的新闻，并分享到其他社交平台（包括各微博、即时通讯工具和短信等）。

如果你是一个网龄够长的资深网虫，相信不会对"强国论坛"的名字感到陌生。**人民新闻**除了支持浏览新闻外，首页底部的导航栏还设有"论坛"标签，点击后可进入人民网"强国论坛"。在这里，你尽可以以"爪机党"的身份点击浏览热门帖子，或者发言灌水。论坛分类清晰，包括强国、国际、军事、娱乐等近 40 个分论坛，总有一款适合你。

随着读图时代的到来，你的眼睛也被宠得越来越挑剔了吧？不愿意过多地流连于文字，只想看最震撼，最新鲜的图片？没问题，**人民新闻**当然能满足你。**人民新闻**里专门开设了图片新闻，点击首页底部导航栏的"图片"，即会呈现当日的20条图片新闻。在这个界面点击图片可以浏览完整新闻信息，可以收藏并分享到其他社交平台（包括各微博、即时通讯工具和短信等）。

微博流行建立起来的社会公共讨论平台是不是已经影响了你的视野和对公共事务的参与热情？那么，你千万不能错过**人民新闻**的地方领导留言板：该板块是**人民新闻**的一大特色应用，也是目前国内唯一一家覆盖全国的官民互动平台，为全国省、市、县党政一把手开通全天候的留言版面，供网友与领导干部进行沟通交流。点击首页底部导航栏"领导"后进入该板块页面，可直接浏览已回复的留言，也可以注册、登录后，选择想留言的领导进行留言。

技巧发现

人民新闻还有什么栏目？阅读当日《人民日报》：点击首页底部导航栏里的"更多"，选择"人民日报"，即可阅读当日《人民日报》上的新闻信息。

如何发送人民微博？点击首页底部导航栏里的"更多"，选择"人民微博"，点击登录后，即可用手机浏览或发送微博。

同类应用

| 腾讯新闻 | 搜狐新闻 | 网易新闻 | 新华社新闻 |

Flipboard——把杂志装进手机里

作为一名新鲜的"海龟"，安妮更喜欢国外 App 简洁大气的界面和言简意赅的语言，尤其是在阅读方面，更钟爱那些选材广泛，不仅仅局限于国内新闻的 App。而 *Flipboard* 刚好是少数拥有中文版本的国外阅读 App。的确，这款应用很像是将五花八门的杂志、画册、视频、报纸统统置入了你的手机。更妙的是，在 *Flipboard* 中，你会发现原本平面的这一切，竟然都鲜活生动起来：你可以轻而易举地发现朋友们正在阅读的内容，也可以动动手指头便把有意思的内容与朋友们分享。

Flipboard 的首页便于用户舒服地体验：每小时更新的大幅封面故事、通栏图片统领的头条新闻以及实时更新的炫酷视频，轻轻一点就可以收看自己感兴趣的内容。当然，通过点击屏幕右上角的搜索按钮，用户也可以查找和添加自己关注的内容。点击手机菜单按钮，可以将首页推荐内容离线下载，保存在手机存储器中慢慢欣赏，同时也可以直接使用"编写"功能通过 *Flipboard* 发微博。

Flipboard 最吸引安妮的就是丰富的首页封面故事，读完一篇"大部头"之外，再来点儿佐餐点心，*Flipboard* 提供按照订阅类型推送的微博以及直接抓

取的网页内容。如果微博内容为整篇故事的集锦，还可以通过 *Flipboard* 开启原文阅读。屏幕上方的工具栏可以满足安妮与朋友们交流的需要，在这里，安妮可以转发、收藏以及和朋友们分享内容。

Flipboard 系统提供了两个方法方便安妮收藏自己感兴趣的内容：一是在阅读界面点击内容旁边的 ☆ 标志，借助微博的收藏功能完成收藏，另一种则是通过 *Flipboard* 内置的三种收藏服务对目标内容进行收藏。具体方法是，点击手机菜单按钮，选择"稍后再读"，

然后在"Instapaper""Pocket"和"Readability"三种收藏方式中进行选择即可。

为了提升阅读体验，*Flipboard*隐藏了很多功能设置按钮。在登录首页，长按手机菜单按钮，大约2秒后可进入搜索页界面。在这里，你可以查看最热门的搜索关键字并搜索自己中意的内容，再按一次手机返回按钮就可以进入*Flipboard*的个人设置界面了。点击"我的Flipboard"可查看自己收藏的所有内容。点击"账号"按钮可以将*Flipboard*与自己的各种社交账号绑定，通过它们你就可以轻松地与朋友们分享正在阅读的内容了。

技巧发现

如何刷新*Flipboard*内容？ 尽管没有提供直接的刷新按钮，但*Flipboard*的确具备即时推送功能，刷新的方法很简单，按住任意阅读界面（包括登录首页）向下拉动界面再松开，就可以刷新了。

如何通过*Flipboard*使用SNS？ *Flipboard*能够与包括新浪微博、人人网、Instagram在内的多个SNS网站兼容，只要在个人设置界面的"账号"一栏中选择目标SNS网站登录，就可以通过*Flipboard*及时监控SNS的更新，点击手机菜单按钮，选择"编写"即可选择已经登录的SNS账号发表。

同类应用

QQ阅读　　　阅读星　　　网易云阅读　　ZAKER

ZAKER——你的掌上资讯管家

　　有人说，*ZAKER* 就是中国版的 *Flipboard*。的确，这款阅读 App 很符合国人的使用习惯。在大气优美的风景图片上，还汇聚了若干模块，界面正像你早已习惯的智能手机上的九宫格式排列。通过 *ZAKER* 这样一款资讯管理软件，通过简单的一键订阅和一键分享，你辛辛苦苦浏览数个网站获取信息的历史将宣告结束，在这里，*ZAKER* 使手机成为每个用户的"情报背囊"，没有冗余信息，全部，都是你需要的。

　　玩转"模块"也许是 *ZAKER* 和你玩的一个小游戏：密集分布的各类资讯模块是不是让有强迫症的你暗暗抓狂？定期更换的大幅照片上，各种美景都被遮住了，是不是让爱美的你心痒痒？在 *ZAKER* 的首页上，红蓝双色模块分别代表固定推荐项目和用户自主添加频道。在固定推荐项目中"新浪微博"一项可以删除，其余"今日焦点""我的收藏"和"应用推荐"三个板块则只能移动不能删除。所以，如果觉得不爽的话，大可以轻轻按住某个模块将它删掉哦！

　　由于系统默认每屏排列 8 个模块，因此，如果订阅内容较多，将出现分屏幕，此时可通过轻按模块，2 秒后按住的模块将被选中，可将其移动到任意位置或删除，以保证首屏内容是你第一时间想获知的。

　　你最想读的内容究竟是什么？作为一种以内容抓取为核心的 App，*ZAKER* 能提供给你的可能远远超过你的想象！新闻、社交、娱乐、星座、时尚、体育和汽车等多方面的资讯内容通过点击屏幕右侧"订阅资讯"就可以全部被你收入囊中了！如果你碰巧是个星座迷，那你应该有自己比较笃信的星座密语吧？放心吧，*ZAKER* 是一款可以给你多重选择的 App，可以看到同一个主题下的多种阅读资源，点击右侧的"＋"，使其变成"√"

则表示订阅该内容成功。同时，你还可通过"自定义内容"来订阅 *ZAKER* 未收录的网站以及非大众媒体内容，如特定好友的 QQ 空间、微博等。具体方法是在"自定义内容"页面输入目标网站的 RSS 地址或者输入目标QQ 空间的 QQ 号及微博昵称等。

阅读界面是 *ZAKER* 最值得称道的地方。一幅横贯屏幕的高清图片，以及围绕图片错落排列的 4 ~ 5 篇文章是标准的 *ZAKER* 风格的排版。点击文章进入阅读界面，在这里通过手机菜单按钮可以实现对文章的收藏、评论、调整字体大小等操作。在每篇文章的最下端，*ZAKER* 设有"查看原文"按钮，方便用户链接到刊载每篇文章的原始网站。当然，*ZAKER* 推荐的文章本身都是未经删节的完整版。

技巧发现 🔍

　　*ZAKER*的收藏功能有什么作用，如何操作？由于*ZAKER*抓取的是各类网站及时更新的内容，如果一篇文章一次没有读完，下次登录系统时可能已经被更新的文章覆盖不便寻找，如果及时收藏读到一半的文章，下次登录时直接点击"我的收藏"模块就可以继续阅读啦。在阅读界面，点击手机菜单按钮可以看到页面下端出现单排工具栏，单击"♡"图标，当其变成"❤"就可以了。删除收藏时同样点击"❤"，使其变成"♡"就可以了。

同类应用 🔍

91熊猫读书　　　阅读星　　　网易云阅读　　Flipboard

移动助理伴我行

第一章　办公助手增效率

 名片全能王——贴身电子名片夹

参加会议、聚会收到的名片越来越多，如何管理？想把名片中的资料变为手机中的联系人，有何快捷的办法？如果还用手工一个个输入，那真 out 了。**名片全能王**这款苹果 App Store 2011 年度最佳商业手机应用，专门为商务人士制定，让你智能手机在手，轻松管理贴身电子名片。

要想使用这款应用，带摄像头的智能手机是标配。它的工作原理是：利用手机自带相机拍摄名片图像，快速扫描并读取名片图像上的所有联系信息，自动识别联系信息的类型，并按照手机标准联系人格式存入电话本与名片中心。多语言支持是**名片全能王**的一大特色，无论中国客户还是外商的名片，都能够识别。

名片全能王的界面背景被设计成一个皮质的名片夹，有很浓的商务风。点击进入"添加我的名片"，你可以拍摄自己的名片，或是选择已经存有的名片图像，也可以手动输入名片。

如果面对多张名片，可以试试批量拍摄或导入名片识别的功能。设置闪光灯，轻点照相机标志拍摄完毕后，接下来便是自动程序了：识别名片上的文字方向、切割名片边缘、美化名片图片、根据图像内容校正图像的旋转角度、识别名片内容的语言种类、将名片内容归类到联系人信息账户中。这一切只需几秒钟的时间，如果识别失败，会自动弹出对话框，教你如何正确拍摄，可以选择重拍或者手动输入。

识别成功后，会出现"编辑名片"的界面，你可以查看识别是否正确。如果信息不完整，可以手动添加名片上没有的联系人信息。如果名片是双面的，你可以拍摄添加背面信息。如果将名片存储到名片全能王的名片夹里，就可以直接拨打电话、发短信、发邮件、浏览网页，以及在谷歌地图中定位地址。还可以时尚一把，将名片内容生成二维码进行分享。

你可以看到所有已经存储的名片，按右下角的排序按钮，就可以将名片按照日期、公司名称或者人名排序。将名片分组归类，按"+"键建立新组，可以添加组员，或是修改小组名称。还可以针对某一小组内的成员群发短信及邮件。

"云端"功能也值得推荐。你可以将所有名片上传备份到云端安全地保存，还可以通过云同步，在不同的手机或网页浏览器中无缝查看和管理名片。通过名片全能王的网页还可以恢复意外删除的名片。

技巧发现

拍摄时手抖怎么办？ 点击首页的"设置"按钮进入设置界面，打开防抖拍摄，这样可以避免拍摄时由于手的轻微颤抖造成的图像模糊。

名片信息可以设为隐私吗？ 如果不希望名片信息被其他人看到，可以通过"设置"打开密码锁定，保护信息。不过，你可要牢记密码，一旦丢失就无法再管理名片了。

同类应用

经纬名片通

脉可寻

WorldCard-Mobile

云脉名片识别全能王

Office办公助手——"高效易用"移动办公

在移动互联网流行的今日，随时随地处理文件已成为一种办公趋势，不过我们要说的可不是用你出差背包里的笔记本电脑"大块头"，而是智能手机小屏幕。*Office 办公助手*针对智能手机和平板电脑开发，集文件管理、撰写日志、设置事件提醒和回忆录音等办公功能于一身，堪称商务人士随身办公的得力助手。

首先，我们来试一下如何快速实现文件管理。打开应用，进入文件预览区，在预览区的上方有文件搜索栏和更改预览方式按钮，可以缩略图或列表两种形式预览。左侧栏直接切换文件夹，并可对文件按贮存位置和类型将文件分类，贮存位置包括本地磁盘和个人云账号，文件类型包括文档、图片、视频等各种文件格式。我们可以对文件进行的操作非常多，如复制、移动、删除、重命名、新建文本文件、新建文件夹，以电子邮件发送文件附件等。

*Office 办公助手*能够处理的文档格式和多媒体格式也非常丰富，如 PDF，PPT，PPTX，XLS，XLSX，DOC，DOCX，RTF，TXT 等文件格式和 MP3，MP4，MOV，JPG，BMP，PNG 等多媒体格式。PDF 支持分页缩略图浏览，并可设置书签，

多种文档文件格式支持快速翻页滑动和记录上一次查看位置的功能。

撰写日志和备忘录，也是我们常用的功能，点击首页底部的"notes"按钮进入日志功能界面，可以看到日志的预览，选中后可以对日志进行编辑管理。你可以将日志复制到粘贴板，以短信或者电邮形式发送给其他人。点击右上角的"＋"按钮即可撰写新日志。此外，时尚的"便签"功能也同样受到用户喜爱，便签以黑板贴纸的方式显示，并可以设置便签纸的颜色和字体，已编辑的便签可发送短

信、电子邮件，并复制到剪贴板。

工作中最担心的事情，莫过于忙中出乱出错，有了"事件提醒"功能就不用担心了。提醒事件的时间到了的话，铃声会响起来。你可以对所设置的提醒进行分类和管理，分类可以按照提醒类型（如会议，出行等）、联系方式和日历三种方式进行操作。

现在开会还需要记笔记和用录音笔吗？*Office 办公助手*同样可以帮你搞定，当然不仅仅是录音这么简单。当你开启录音的时候，文件管理器、备忘和事件提醒的标题处就会显示录音控制栏，可直接控制录音的暂停、继续和停止，以及添加时间标签。

技巧发现

怎样可以更改日志信纸的颜色和字体？你可以在日志预览处点击信纸右下方的"i"图标，即可将信纸设置成自己喜欢的颜色和字体。

事件提醒怎样可以选择自己喜欢的提醒铃声？在添加新提醒的时候，下方有一个铃声选择按钮，你可以在铃声库中选择自己喜欢的音乐作为提醒铃声，但是只能使用应用库提供的音乐，不能选中本地磁盘的音乐作为铃声。

同类应用

办公室套件　　ioffice移动办公室助手　　数字天堂—移动办公　　V6办公桌

办公套件——随身携带的office

"即使不在办公室，没有电脑，也能够随时随地记录工作内容，及时更改重要文件"，是当下很多白领的愿望。在这个移动互联网飞速发展的时代，一切皆有可能。用智能手机或者平板电脑安装**办公套件**，就可以帮助你实现随时随地办公的心愿。有了它，随时随地随身携带你的office文档，就像你有了一个称职的移动办公小秘书。下面，让我们一起来领略一下移动**办公套件**的便捷之处吧。

用你的手机号码绑定登录吧，这样使用起来会更加方便。在开始使用的页面输入中国移动手机号码，然后键入短信验证码，即可绑定手机号，不仅可以阅读幻灯片，PDF文件，还可以对Word文档、幻灯片、Excel表格进行编辑，还可以免费体验随时随地收发邮件、手机文件备份和好友分享等功能。

"阅读"和"编辑"是这款小秘书的主要功能，你可以查看**办公套件**里的各类文件，对文档作复制、粘贴、插入、重命名和删除等各种编辑工作。在这里，你可以自由自在地上传各种格式办公文件，当然也包括照片。文件只要被上传到云

端，就可以随时随地查看和下载。每次登入我的文件，**办公套件**都会自动连接服务器，更新服务器的文件数据列表。选中一个文件，会弹出分享、下载、删除等几个选项，可将其通过邮件和短信分享给好友，也可以下载到本地网

盘，还可以将重要文件放入文件收藏夹，以防误删。

如果你不想错过重要邮件，想一键管理多个信箱，那么在主页中点击"邮件"图标即可体验邮件收发功能，你可以根据自己的需要添加常用邮箱。**办公套件**可以实现多个邮箱协同工作，帮助你全神贯注地处理每一项任务，让邮件处理变得难以置信的方便、快捷。

用手机号绑定登录的另外一大好处就是，手机文件和通讯录的同步和备份非常方便，不用再担心信息丢失的问题了，因为它们都会被保存在"云端"。点击主页上的备份功能即可将手机或者平板电脑的联系人信息上传至服务器进行备份。

你还可以通过设置选项对软件进行个性化设置，在通用设置中，你可以对文件更新周期、日历等进行设置，也可以在这里对邮件和文件设置使用偏好。

技巧发现

　　怎样设置文件大小的格式？ 在主页菜单上点击"设置"进入，在文件设置中可以设置图片和视频的质量，还可以设置本地缓存的大小。

　　怎样设置邮件签名档？ 在主页菜单上点击设置按钮，进入之后，在邮件设置上，可添加和编辑自己的邮件签名档，同时还可以设置自动回复等其他邮件功能。

同类应用

Office办公助手　　ioffice移动办公系统　　数字天堂—移动办公　　V6办公桌

第二章　日志记录勤提醒

 印象笔记——随时随地记笔记

苏方在朋友们的印象中一向是个严谨细腻的人：他记得所有朋友的生日；总是拿得出来每次旅行的照片和游记。其实，苏方有一个小秘密，那就是他一直在使用一款笔记类 App——*印象笔记*。*印象笔记*被称为"世界上最受欢迎的笔记软件"，可以帮助你轻松记录所思所想所见所闻。你可以随时随地在任何终端访问笔记，并可以使用关键字、标签或图片内的文字识别快速搜索你需要的内容。*印象笔记*还推出了"圈点"功能，可以随心所欲地标注图片。

苏方还记得，自己是在建立了账户并登录后的第二天记录了第一条笔记的，内容是关于和朋友一起看日出的体会。点击首页的"新建笔记"，你可以随手记录自己的思想火花、生活随感和重要事项，并可以为笔记添加照片、音频等附件。点击"快照"，你可以方便地拍下白板上的重要信息、难得一见的美景、精彩报告中的 PPT 等。点击"音频"按钮，你还可以方便地记录重要会议发言等语音资料。这些笔记一经记录便会永久保存，并同步到多种终端设备。

还记得小时候记日记的开头总要写下的某年某月某日、天气晴、于某地吗？苏方最爱*印象笔记*的就是这是一段可以帮助你自动定位的笔记软件。看这条软件"接天莲叶无穷碧，映日荷花别样红"——我在杭州，西湖。在记录文字笔记的过程中，你可以点击笔记下方的大头针按钮，即可显示你所在城市的地图，移动地图上的大头针到你指定的位置，点击"完成"，就可以轻松为你的笔记定位，在笔记列表中显示你记录该笔记时的地理位置。

你是否还在为你有太多笔记而感到烦恼？"我的笔记本"可以对旅游日志、工作心得和项目报告等同类笔记进行分门别类的整理。点击首页"笔记本"，*印象笔记*就会将你现有的笔记本呈现给你。你可以点击页面左下角的"新建笔记本"来创建新笔记本，还可以点击

底端中间的图标，根据不同标准选择笔记本的排列顺序。"标签"可以将你账户中的类似笔记加以连接和整理，你在创建笔记时还可以点击页面底端的图标为笔记添加标签，便于检索。

苏方的另一项爱好是对自己笔记本内的资料"圈圈画画"，通过*印象笔记*"圈点功能"，苏方可以随意对照片、地图等运用符号、文字等进行标记，直观醒目重点突出。当然，在此之前，苏方需要在*印象笔记*之外下载客户端软件，安装完毕后，打开一张照片，就可以根据自己的需要对图片进行圈点了。

技巧发现

*印象笔记*中的笔记可以进行离线搜索吗？*印象笔记*具有强大的搜索功能，不仅可以对文字笔记进行搜索，还可以对地点及图片中的文字等进行检索。另外*印象笔记*具有离线搜索功能，你可以启用离线搜索，在没有网络的情况下搜索你需要的笔记。

同类应用

有道云笔记

轻笔记

万能笔记本

第二章　日志记录勤提醒

123

有道云笔记——将笔记保存在云端

初次听到有道云笔记，你就会被它有点儿神秘的名字而吸引，这是一款充分考虑了国人文化习惯的便捷的笔记类应用。通过云存储技术，你生活的点点滴滴都将被安全存储在云笔记空间。它可以自动将笔记同步到云端，使你告别数据线，通过网易通行证或新浪微博账号，轻松实现个人资料和信息的跨平台、跨地点管理。

有道云笔记首页为用户提供文字、拍照、手写、录音、照片、涂鸦6种记录方式。你不仅可以用文字记录生活点滴，也可以拍照凝固生活难忘瞬间，还可以选择手写保持逼真的笔锋效果，录音保存语音资料。记录完成后点击右上角的"保存"图标，即可将笔记保存在云端。值得一提的是，使用移动终端的相机拍照后，打开笔记时照片会自动上传到"相片中转站"，你可以在电脑端看到上传的照片。

所有认真记过笔记的人最开心的时刻就是在某个时刻翻开过往的笔记，慢慢阅读、品味的时刻吧。有道云笔记同样可以满足你的这点儿"小情怀"。点击首页上端的"全部笔记"，你保存的所有笔记将以时间顺序呈现出来。点击

上方的"+"按钮可以新建笔记，点击中间按钮则能搜索自己想要的笔记，而最右边的按钮可以帮你实现笔记同步。另外，点击"笔记本"还可以创建不同的笔记本，对不同内容的笔记进行分类管理。

还记得你从什么时候开始不再用笔记本了吗？是不是早已习惯了office软件为你带来的工整、有序的文字记录。有道云笔记就是一款可以随身携带，融合了编辑功能的笔记类App。有道云笔记允许你在手机端打开你的笔记直接修改，还可以在笔记中插入图片、Word、Excel、

PPT、PDF 等多种附件，编辑含有丰富格式的笔记。具体步骤为：打开笔记——点击左下角编辑按钮——页面下端显示录音、拍照、图片、手写、涂鸦、添加附件等多个图标，你可以根据需要选择特定内容进行编辑，然后点击右上角的"保存"图标，编辑过的内容即可完成修改。

　　或许你已经从"云"这个字猜到，**有道云笔记**可以使你的笔记在 PC 和移动端自由切换。使用**有道云笔记**，你的全部笔记将自动同步到云端，你可以在任何地点、通过任何终端登录有道云笔记查看、编辑、修改笔记。你可以通过点击"全部笔记"右上角的同步标志进行同步，也可以将笔记轻轻下拉，松开后笔记立即同步。

　　如何使用录音笔记功能？ 打开"新建笔记"，点击"录音笔记"即可开始录音，录音过程中有电话打入时，录音功能将自动关闭，挂断电话后自动恢复录音。录音结束后点击右上角的"保存"按钮，内容就会保存在笔记里并同步到电脑终端。

　　如何使用图像纠偏功能？ 使用手机拍照后，点击左下角的"图像纠偏"，可拖动任意位置调整边角，调整完毕后点击右下角 V 保存图像。

同类应用

GNotes记事本

印象笔记

天天记事

NiceDay——最享受的日程管理助手

想成为效率达人、享受达人、省钱达人吗？想组织一次吃得开心玩得愉快的周末朋友聚会吗？ 这一切 *NiceDay* 都能帮你轻松搞定。*NiceDay* 是一款免费的日程管理软件，为你记录搜索周边美食和精彩活动，一键发出邀请，还能提供商家优惠券哟。

露露是朋友圈中出名的活跃分子。露露的周末永远透露着五光十色的城市气息，而这款 *NiceDay* 正是露露手机里使用最频繁的 App。有了它，露露可以轻松寻找身边的美食和演出信息。登录成功后，*NiceDay* "身边"的"活动推荐"会为露露推荐各种美食、近期大片及各类演出，并且还有"团购精选""猜你喜欢"和"本地排行"等分门别类的信息供你选择，当然了，以上所有信息都是一种基于位置的推荐。露露还常常在几家指定柜台出具 *NiceDay* 提供的电子优惠券享受价格优惠。

小雪初晴正是聚会的好时光。露露打开 *NiceDay*，依次选择"去哪儿""和谁去""吃什么"和"做什么"，点击"选好了"之后，*NiceDay* 已经

根据露露的选择为她量身制订了一个完整的派对计划。实际上，通过 *NiceDay*，你可以根据星级、价格选择合适的饭馆，点击"组个饭局"，确定邀请人名单，软件会将聚会时间、饭店具体地点、联系电话、地图通过短信发送给你邀请的朋友。组织聚会，就是这么简单。

身为社交达人，露露提升魅力的最大法宝就是随时和朋友们分享自己的美好经历。通过"好友"功能，露露可以从通讯录、新浪微博中寻找好友，通过照片、文字的形式和好友分享自己正在享用

的美食、刚刚看过的大片等等。

　　每逢节假日，忙碌的露露经常需要一天参加几场派对，如何保证自己不会忘记约定？*NiceDay* 里存储着露露的近期日程。点击右下角"日程"，页面会自动显示露露近期的日程安排。点击右上角的

图标创建新日程，在创建日程页面输入主题、时间、地点及参与成员，点击"创建"，即可创建新日程。你还可以在"我"——"我的备忘"中添加备忘。日程管理和备忘录会将你繁忙的工作生活打理得井井有条。

技巧发现

　　如何使*NiceDay*定位你的位置？打开手机中的GPS定位软件，*NiceDay*即可自动定位你所处的位置，为你推荐周边美食及精彩活动。

　　如何轻松发起会议或活动？选择"日程"——点击"创建日程"——输入主题、时间、地点——点击"成员"右端标志——在通讯录中选择成员——点击"完成"，你的会议/活动通知/邀请就会通过短信发送给邀请成员。

同类应用

Any.DO日程管理　　日程管理　　备忘录　　2Do日程列表

生日管家——贴心的生日管理

　　"明儿是你姥姥农历80大寿，你远在北京回不来，但是记着给她打电话啊！""哎哟，妈，亏您提醒，最近连轴加班，我还真给忘了！"我决定给手机装个"生日管家"——据同事说，这是他用过的最好的生日提醒工具，以后再也不会忘记亲朋好友的生日了。

　　*生日管家*简单明了，还支持农历生日，瞬间秒杀了众多生日服务软件。你只要录入每个人的生日，*生日管家*会将大家的生日按时间顺序排列，还自动倒计时呢。最贴心的是，它可以阳历、阴历两个生日都提醒，这对咱中国人来说真是太重要了。日历的形式，更让你对每个月过生日的人一目了然。

　　你可以决定让*生日管家*提前几天提醒你，还可以做个备忘，比如想送的礼物等。送什么礼物好呢？去*生日管家*的礼品商店看看吧。亲人朋友过生日，能当面送上礼物和祝福是最好不过的了，不过繁忙的你抽不出时间怎么办？贴心的*生日管家*已经都为你想到啦，它不仅提醒你生日，连祝福短信都替你写好了，

还分爸爸妈妈、老公老婆、恋人、挚友、同事等等不同的角色。当然，你也可以个性化修改，送上浓浓的心意。觉得短信不够有诚意？那就一键连线电话那头吧。只要你允许，*生日管家*就会从你通讯录里批量导入生日，快捷又省心。以后它提醒你的时候，你就不用再找号码啦。

*生日管家*不止记住了大家的生日，还给你详细地讲解一下每个人的生日命理、星座生肖，每天都告诉你当日运势，谁是谁的生日"贵人"。相信玄学的筒子们，这下可有了本随身小手册；不相信的筒子们，可以权当八卦，开心一笑。

*生日管家*还提供了云端备份功能，如果换手机或者遇到其他意外，可以轻松找回之前的资料。

这就是号称最全面、最实用、最贴心的生日管理软件——*生日管家*。根据 2012 年 8 月全国老龄委等单位的调查，被调查的 20 人都能马上准确说出自己小孩的出生年月日，多数还能记起出生时辰。但当问及自己父母的出生年月日时，只有 4 位受访者"过关"，其他人都只能回答"好像是""记得是"…… 现在还等什么，马上安装一个*生日管家*吧，给爸妈一个惊喜！

技巧发现 🔍

过生日通常会唱生日歌，也能实现吗？*生日管家*也为你想到了，"生日祝福"板块里有很多生日歌哦。

那么多生日信息，被别人偷窥了怎么办？在"更多功能"板块里设置一个密码吧。

同类应用 🔍

生日提醒

祝福提醒

生日备忘录

第三章　云端存储多空间

 新浪微盘——分享快乐，传播知识

*新浪微盘*是一款免费的云存储应用，可以随时随地上传、下载数据，并将文件备份到云端服务器；还可以轻松分享文件到微博，与朋友共享快乐；*新浪微盘*支持数据同步，用户可以在电脑、手机等多终端自由访问文件，不用担心手机和电脑瘫痪会带来重要文件的丢失。

使用新浪微博账号登录后，即可进入"我的微盘"查看并处理微盘中存储的所有文件。你可以将手机中的图片、视频、文档、音乐等多种类型文件上传到微盘中，还可以拍摄照片或视频即拍即传。上传的文件会自动保存到微盘中，供你在不同终端上浏览。要想在众多文件中快速获取你所需要的文件，可以使用页面上方的"放大镜"，通过关键词检索文件；点击"铅笔"按钮实现对文件的管理，你可以新建文件夹，也可以和好友分享文件；点击右上角图标，选择文件类别，页面会自动将同一类别的文件统一呈现。

在"热门分享"板块中，为你搜罗了科技、生活、旅游、健康等种类丰富的内容资料供你下载，你也可以在上方的搜索框检索你关注的音乐、小说等。另外，

为了便于你快捷地获得喜欢的资料，微盘还将文件分为"装机必备""热门小说""猜你喜欢""实用文档"和"生活娱乐"等不同的类别，点击右上角的"分类"，你可以浏览自己喜欢的类别，并将文件保存到自己的微盘随时阅读，或发微博推荐给朋友。

轻点保存在网盘中的文件，网盘便会将其自动下载；下载后的文件会保存到"已下载"中，你可以在离线的状态下随时随地阅读文件，节省流量。

技巧发现

　　如何获得更多微盘空间？ 微盘的初始空间为2G。点击主页左下角"更多"——"每日签到"——"发送微博"，即可获赠微盘空间，你还可以点击下面的"做任务 领空间"，通过上传文件、分享文件、关注微盘官方微博等获取更大空间。

　　阅读时如何跳转文件？ 打开文件点击左下角的"快速跳转"，页面便会显示一个进度条，准确告知你目前所在的页码，你可以通过拉动进度条上的光标来选择自己想阅读的位置。

同类应用

酷盘

115网盘

百度云

金山快盘

腾讯微云——跨平台文件存储和搬运

　　你是 QQ 用户 4 亿大军中的一员吗？那么你可以直接登录*腾讯微云*，来进行跨平台的文件存储和搬运。你没有 QQ？那也可以用邮箱登录。*腾讯微云*是一款云存储应用，它把你的手机、电脑、平板等连为一体，实现资料的无线、无缝传输和连接。

　　进入*腾讯微云*的网盘，你就可以上传手机中的视频、图片、文件。网盘同时具备了文件同步、备份和分享功能，能够自动同步手机和电脑中的文件。上传的文件，既可以离线阅读，也可以"存到本地"或"分享"，还可以添加文件夹对文件进行管理。

　　开启 Wi-Fi，"微云相册"就会将你在某一设备中的照片自动推送到其他设备，并使各终端里的照片汇聚在一起，按照拍摄的时间和设备进行编排整理。你也可以手动选择照片，并推送到其他终端。

　　如果在同一个 Wi-Fi 热点下有其他设备，"微云传输"就开始运作。它会自动寻找在同一 Wi-Fi 下的设备，你只要点击该设备名称，选择想要发送的图片、视频或文件，手指一划，文件便开始传送了。对方同样手指一划，文件便接收了。通过 Wi-Fi 传输，还不会产生流量，方便又节约。

你还可以通过"微云剪贴板"实现在不同设备上的文件复制粘贴，比如复制手机上的照片，粘贴到电脑上；或者在电脑上复制网址链接，在手机中打开。

技巧发现

怎样以最少的流量阅读文件？打开网盘——选择要分享的文件——点击右端箭头——选择"离线可读"，你可以随时阅读离线文件，无需网络，不费流量。

剪贴板怎么用？在手机微云上选择要复制的文件，点击右下角"发送"图标，显示发送成功后，即可打开电脑，在电脑的任意位置粘贴。

同类应用

酷盘　　　新浪微盘　　　百度云　　　360云盘

360云盘——大容量在线存储工具

炎热的夏日，又要去客户那里谈项目了，瘦小的我望着公司配置的"砖头"笔记本电脑，一声叹息。同行的小张边摆弄着手机，边朝我走来："可以走了吗？""嗯。你的电脑呢？""电脑？不用带。"他晃晃手机，得意地说，"资料都在这儿呢！"

路上，小张给我看了他的秘密武器——*360 云盘*。这是一款大容量的云存储软件，免除了 U 盘复制传输的繁琐，并且永不丢失。初次使用*360 云盘*需要注册用户名和密码。有了这个通行证就可以在不同终端登录*360 云盘*，不受时间和地点的限制，轻松实现文件的存储和管理。

小张拿着手机，随手就对着我俩"咔"了一张。他点了点"上传"，照片就进了云盘。"顺手发你邮箱了。"他笑着说。"哇，这还有分享功能？""是啊！看，我新建了一个文件夹，专门放咱们外勤的照片。先随便起个名字吧，以后有好的再改。"再看他的云盘，里面视频、音乐、文档，什么都有。他看了看云

盘"关于我"一栏，皱了皱眉头说："哎呀，没想到最近上传了这么多内容，也没好好归类。可以删掉一些，再放几个新视频。""给客户的资料，你都带全了吗？"我好奇地问。他连忙给我看云盘，"已上传"那一栏里已经把

他上传的那些文件给列出来了。

半小时以后，我们来到客户公司，小张打开云盘，轻轻一点，资料就分享给客户了。客户很满意，又给了我们一些新的资料，小张又照收云盘了。

回到公司，小张打开电脑，输入 u.yunpan.cn，将手机对着电脑上的二维码一扫，云盘上的文件立刻就被传送到电脑上了。

心动不如行动，快掏出手机，来体验一下这款大容量在线存储应用吧。

技巧发现

*360云盘*安全吗？保存到*360云盘*的文件都经过了严格的加密程序，只有你本人通过账号、密码才可以访问；保存到*360云盘*的文件都做了备份，不用担心数据丢失，因此使用360云盘是安全可靠的。

发送文件过程中如何断开手机和电脑的连接？ 用手指滑过手机屏幕上显示的手机和电脑之间的连线即可断开连接。

同类应用

百度云　　　新浪微盘　　腾讯微云　　华为网盘

第四章　手机助手省流量

91助手——轻松管理你的手机

这两年，应用商店如火如荼地发展着，各类应用如雨后春笋，层出不穷。在欣喜的同时，我们也患上了选择综合征。这也喜欢，那也想试试，不知不觉，手机上就装载了 N 多的应用。可是我们还担心着，会不会错过哪些好应用呢？不如下载个 *91 助手*吧，这款在电脑上帮助我们管理智能手机的软件，现在也有手机版了！直接入驻你的手机，帮助你挑选、下载和管理应用，让应用生活精彩不头痛！

*91 助手*为你精心挑选的应用，都集合在"聚焦"板块中。这里有不容错过的"装机必备"应用，并按照社交、理财等等井井有条地分好了类。这里还有为你推荐的精品应用，以及后来居上的"黑马"应用。有喜欢的？点一点就到你手机上了哦。

现在的好应用都要付费了，不过也时不时来个促销活动。所以，记得关注"限免"板块哦，看看心仪的应用是不是正限时免费或者打折。机不可失，快去抢一个！

如果你已经知道自己在寻找的具体应用，也可以直接利用搜索功能查找。或者，你可以直接去"分类"板块里，美食、旅行，工具、教育……每一类都很清楚地让你知道，一共有多少应用，有多少正在促

销。比如娱乐类, *91助手*告诉我，目前有 3313 个应用，372 个限时免费，还有 47 个降价了。于是，我进去转了一圈，下载了一个"语不惊人死不休"。

*91 助手*还会为你推出实用又有趣的专题。比如，眼看着春节又快到了，如何顺利买到车票回家，成了大家的头等大事。*91 助手*帮你把所有买票神器都集结在了春运专题里，总有一款你用得上。还有没应验的"末日"，红遍大江南北的"切糕"……亲自去看一看吧。在"评测"栏里，你还能看到技术"达人"们对这些应用的使用心得。

如果你暂时不打算下载应用，也可以告诉 *91 助手* 这个应用，你是想要呢还是已经装过。*91 助手*会默默记下，并为你推送更新。不过，你要先成为注册用户哦，只要 1 秒钟时间！

最后，通过 *91 助手*，你还能快速地给手机充话费呢。

技巧发现

怎样使用Wi-Fi共享文件？ 发送方和接收方都需要打开本地共享功能，在已下载资源弹出菜单中选择"Wi-Fi共享该文件"，连接对方的设备选择接收。

怎样开启节省流量模式？ 进入设置功能模块，点击勾选节省流量模式，就可以在非Wi-Fi环境下不加载应用图标和截图。

同类应用

腾讯手机管家　　豌豆荚　　360手机助手　　搜狗手机助手

豌豆荚——安卓手机"加油站"

如果你是安卓爱好者，想轻松找到适合安卓手机的好玩的应用和游戏，找到之后方便快捷、省流量地安装，想让手机与电脑互联互通，共享文件，这些想法都会在豌豆荚中迎刃而解！它随时随地提供超过 40 万款应用搜索及推荐服务，并且提供本地应用、图片、音乐、视频等内容管理，帮你轻松管理手机、节省流量，豌豆荚不仅仅是简单好用的手机助手，更能帮你体验安卓手机的无穷乐趣。

想节省时间，找大家都喜欢的应用下载？试试"游戏""软件"和"视频"等分类推荐下载，如果想看大家都下载使用哪些潮流应用，可以点击排行榜，或者"装机必备"来查看下载。如果想下载指定某一款应用，可以通过搜索框来进行应用查找，点击进入"应用详情"，豌豆荚会详细列出该应用的描述、评论、"是否喜欢"等评价情况，然后你就可以决定是否下载这款应用了。

用手指向右滑动主屏幕，会显示管理界面。可以进行"应用""图片""音乐"和"视频"四大类管理，在下方还显示了手机内存空间。应用管理中是已安装、可升级的应用，可以按照字母、大小、时间来进行排序，支持应用一键升级、卸载及批量移动，让手机内容变得更加有序！对音乐和视频的管理主要是播放、分享和删除。

在图片管理中可以查看手机相册、图片库，想要在电脑中查看手机中的照片，可以注册豌豆荚账号，开启云相册功能，进行手机拍照上传到云相册，然后就可以方便地在"云端"管理你的照片了，省去用数据线在手机之间、手机和电脑之间传来传去的麻烦。

下载的应用含有广告，如何换成官方正版，无广告版？来体验一下"豌豆洗白白"的功能吧，一键点击"开洗"，几秒钟后即可实现将山寨应用或者含有通知栏广告的应用替换成放心应用的过程。

技巧发现

如何用Wi-Fi连接电脑？ 将手机和电脑连入同一Wi-Fi，在电脑上运行*豌豆荚*PC版，点击左上角的链接手机并选择当前手机，或输入验证码即可通过Wi-Fi连接电脑。

如何进行照片同步设置？ 注册*豌豆荚*用户，点击设置，勾选"同步云相册"，*豌豆荚*会自动把你的手机照片同步到你的私人云相册，此功能仅在Wi-Fi生效，不会消耗2G/3G流量。

同类应用

91手机助手

腾讯手机管家

360手机助手

搜狗手机助手

腾讯手机管家——安全防护，贴心管理

腾讯手机管家原名 QQ 手机管家，是腾讯公司推出的一款免费的手机安全与管理软件。它覆盖了 Android、iOS、Symbian 三大手机平台，提供系统、通讯、隐私、软件、上网五大安全体系和防病毒、防骚扰、防泄密、防盗号、防扣费五大防护功能，为手机终端提供全方位的安全保护与贴心管理。

腾讯手机管家的一键优化功能能够快速扫描恶意软件、扣费短信、垃圾文件，等等，便捷的"傻瓜"操作，让你全方位掌握手机状况，使你的手机状态保持良好。而通过"一键加速"功能，你可以结束不必要的运行程序，关掉不必要的开机启动软件以及清理缓存，从而释放更多手机内存和空间，优化手机运行速度。

随着智能手机上网功能的多元化，病毒也开始蠢蠢欲动。**腾讯手机管家**与卡巴斯基合作提供双核引擎杀毒，同时自主研发强大的云端查杀技术，可以有效抵御病毒或木马。

如果你办了包月的流量套餐，不用再担心会超额。**腾讯手机管家**的流量

监控功能可以帮你查看已经使用过的流量，包括 2G/3G 和 Wi-Fi 流量、每日的使用情况和某些耗流量大的软件流量情况。

腾讯手机管家的隐私保护功能，可以让你对重要联系人的信息、通话记录、照片、视频进行加密，让私密信息及通话记录自动隐藏，确保个人隐私不被暴露。

想要手机电力更持久，可以试试"电池管家"功能。"电池管家"具有省电管理、深度省电和充电保护三大功能，可以有效延长待机使用时间。

*腾讯手机管家*也不忘为你推荐软件游戏和实用工具，并开辟手机软件绿色下载通道，还帮助你管理已装程序和安装包。实用工具里包含了广告拦截、扣费扫描、归属地查询、IP拨号和号码查询等多种实用功能。

技巧发现 🔍

如何更省流量？ 使用腾讯手机管家（PC版）可以通过电脑端免费下载软件游戏，便捷地进行手机优化、应用检测、一键Root、资料备份、资源管理等功能。

如何添加信息拦截？ 进入手机管家界面，点击"骚扰拦截"，打开设置中的"拦截设置"，点击"关键字设置"选项即可输入您要过滤的关键字。

如何设置人脸识别隐私保护？ 打开腾讯手机管家→隐私保护→隐私信箱→进行人脸识别→扫描人脸后选点击确认→输入辅助密码，即可设置成功。

同类应用 🔍

91手机助手　　豌豆荚　　360手机助手　　搜狗手机助手

第五章 实用工具助生活

 ## 快拍二维码——"快客"们的扫码生活

虽然叫**快拍二维码**，其实它什么码都能拍——二维码、条形码、H码……在我们的日常生活中，"码"已经无处不在啦。我们去报刊亭"拍"杂志，去书店"拍"图书，去超市"拍"食品，我们"拍"客户的名片，甚至墙上的广告。就连下载视频、获取优惠券和参加抽奖等，也变成了"举手之劳"。

掏出手机，打开**快拍二维码**，对焦二维码或条形码，瞬间产品信息或网址链接（例如微信的下载链接等）就出现了。无法识别？那就用"手动输码"功能。光线太暗？"开灯"吧。另外，"图片解码"功能还可以识别你手机相册中的二维码图片。

快拍二维码不止告诉你信息，还可以帮你比对价格，你也可以发表一下评论或者补充更正一下信息。更有意思的是，你还可以在百度、谷歌和淘宝中一键搜索商品信息。最后，你可以将扫码结果"收藏"，以后可以在你的个人中心"我的"板块中查看。同样收藏在你个人中心里的，还有你的自制名片、扫码历史和网购订单等。扫码历史还按照商

品、网址、名片、文本和书籍等详细分类，将结果作了整理呢，真是井井有条。

说到自制名片，你只要选择自己喜欢的模板样式，然后输入个人信息，就可以生成专属于你的个性二维码名片了。接着，你就可以通过短信、邮件和微博等方式分享，让朋友发现并识别你的名片。你还可以生成其他二维码，例如短信、日程，或者一段文本信息、一个网址，等等，并分享给朋友们。

快下载一个*快拍二维码*，成为一名"快客"吧!

技巧发现

我可以对扫码出的二维码信息做哪些操作？ 你可以针对文本、名片、电话、信息、邮箱、网址等不同类型信息做不同操作，可以拨打电话，保存联系人，发送短信，还可以对文本进行复制，对邮箱信息发送邮件，对网址进行访问、分享等。

如何使用快拍进行扫描购物？ 识别的二维码如果是购买物品的链接，会跳转到购买页面，同时提供信息填写和支付功能，可以在快拍的客户端直接购买支付（快拍内置了浏览器，并与支付宝合作），购买之后，可以在"我的订单"查看扫描订单时间、订单的状态以及付款操作。

同类应用

二维码扫描

条码扫描器

我查查

条形码识别

我查查——货比三家刷手机

现在的智能手机都自带相机了，像素还越来越高了，不物尽其用实在是一种浪费——于是有人发明了手机扫描应用。从此，优惠券用手机刷一下就到手了，微信用手机刷一下就加入了……如果我告诉你，以后货比三家不用跑腿，用手机刷一下就能解决，你是不是也觉得很给力？这就是我查查。

下载、安装我查查，带上手机去超市吧。我查查会自动识别你的城市，或者你也可以自己选择。想买牛奶，不知道这里是不是实惠？打开我查查，按下"比质比价"，扫一扫牛奶盒的条形码，很快你就会看到其他超市乃至其他城市这款牛奶的价格，还可以看到厂商信息并识别真伪。你也可以浏览一下其他顾客的评论，以及学习一下商品相关的百科知识。你还可以顺手就将信息通过微博或者短信、邮件告诉亲朋好友。

我查查还会告诉你，最近哪个超市在促销什么商品，以及价格和促销时间，帮你做个好当家。不止有超市哦，去"我逛逛"模块里看看精品服饰和家居百货的打折信息吧，要是碰巧有你想买的商品，你可以查看具体是哪家门店在促销，还有门店信息和地图呢。如果你临时有了购物的兴致，不妨通过"附近"功能，查看身边的商场、超市位置和出售商品情况。你也可以去"分类搜索"里看看欲购物品的信息和价格。

最后，你可以去"看热闹"板块里，看看最近都有哪些热门商品，海飞丝洗发露如何防伪，蓝月亮洗衣液价格如何波动。再去"曝光栏"里，看看质量监督部门最新公布的不合格商品和药品以及详尽的信息，谨防上当受骗。

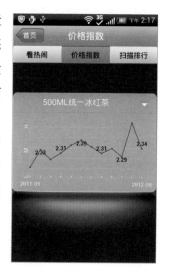

我查查不仅在购物时为你货比三家，还可以帮你辨别火车票的真伪，以及查询快递信息，只要扫一扫快递单条码，就可以随时跟踪查询快递最近的物流状况，几乎国内所有的快递公司都在列呢。

技巧发现

扫描商品条码后就能确定真假吗？由于商品条形码存在一定的复制性，因此不能直接通过扫描条形码确定商品的真假，目前我查查只能验证烟酒商品的条形码。

定焦手机如何扫描商品条形码？定焦手机扫描时需要手动调节焦距，若仍不能识别，请手动输入条形码进行查询。

是否支持离线扫描？支持，离线扫描是指软件离线识别条形码和二维码，若要查询详细信息仍需要通过联网。

同类应用

二维码扫描　　条码扫描器　　快拍二维码　　条形码识别

万年历——全能日历

你相信黄道吉日吗？请用**万年历**。你关心每日星运吗？请用**万年历**。你想知道国际重要节日，却无奈太多记不住，请用**万年历**。你只是需要一款日历，请用**万年历**，因为它给你的还要多那么一点。

万年历内容丰富、老少皆宜。小小的月历里，不仅可以看到公历、农历，还可以看到中外重要节日、公共假期和放假安排。每一天，你都可以根据详细的黄历安排各种事宜，或者跟同事朋友们八卦一下大家的星座运程。

你经常出差，那不妨在**万年历**里看看将去的那个城市未来几天的天气吧。途中可以浏览一下今天的精选"新闻"，并学习一下"历史"上的今天发生过的重大事件，顺便在"日程"里整理一下工作和思绪，并让**万年历**提醒自己重要的纪念日，做到工作、生活两不误。你是女生？那**万年历**有更贴心的设置，不过我只能悄悄地告诉你，或者，不如你亲自试一试吧。

技巧发现 🔍

我的内容安全吗？在主页下方的设置里可以绑定账户，并同步日程以防丢失。日记本可以上密码锁哦。

如何返回月历界面？查看新闻、天气、日程等信息时，点击小按钮页面滑出，再次点击就会返回月历界面。

同类应用 🔍

中华万年历　　　生活日历　　　91黄历天气　　　老台历

墨迹天气——最多城市天气预先知

2012 年 9 月 23 日晚，北京。天气晴好，月朗星稀，两天后有阵雨。23℃，微风轻拂，秋高气爽，未来几天也不会有太闷热的天气。PM2.5 指数 109；比前些天降了一些，不过依然存在轻微污染，出门建议戴口罩。是夜首都机场依然繁忙，而东长安街在月色中静穆。

其实我正宅在家中，以上这些都是我手机上的墨迹天气告诉我的，它让我足不出户也能欣赏到网友们从首都各个区实时上传的照片。穿衣助手"小墨"建议我着薄型套装或牛仔衫裤等春秋过渡服装，如果你是女生，上穿黑色短袖外加黑白条纹针织衫，搭配哈伦裤，细长的腿部更能凸显出你纤细的身影。

墨迹天气是目前中国支持城市最多的免费手机天气预报软件，可以根据定位或者你选择的城市，帮助你实时掌握天气状况及近期变化趋势。动态全景天气更让你真切体会阳光雨露、电闪雷鸣。

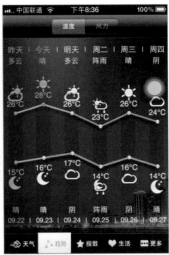

除了天气情况播报外，墨迹天气还通过趋势图直观展现昨天、今天以及未来 4 天的昼夜温度和风力变化趋势，便于你对天气状况作出更准确的判断。

针对每天的空气污染指数、紫外

线指数、运动指数等气象指数，*墨迹天气*会为你提供出行、化妆、衣着和洗车等方面的建议。

除天气状况外，*墨迹天气*还提供诸如限行尾号、节日提醒、日出日落时间等生活信息，成为你的贴身小秘书。*墨迹天气*还可以预警气象灾害呢。

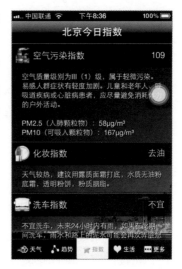

技巧发现

　　*墨迹天气*可以进行语音播报吗？点击屏幕上方的小喇叭，*墨迹天气*会将实时的温度、湿度、风力、限行尾号、适宜活动等信息娓娓道来，让你轻松"听天气"。你也可以在设置中选择定时播报。

　　如何分享天气信息？今天的天有多蓝、晚霞有多美、最适合穿什么衣服……随手拍下来即可与朋友分享。点击屏幕上方的分享按钮，便可以将天气信息通过微信、微博、短信和开心网发布出去。

同类应用

　天气通　　　91黄历天气　　气象频道　　天气预报

快递100——百家快递一站式查询

"这个文件很重要，用 EMS 寄吧。那个明天寄到美国去，用 DHL……"佳佳抱着一堆快递件，叹了口气，回到座位。还好，佳佳刚给手机装了个**快递100**。这个应用集成了近百家国内常用的快递及物流公司的信息，让佳佳只要动动手指，就可以随时随地、快速获知快递公司的联系方式和快递的投递状态。帮大伙儿投寄快递的活儿，终于变得不那么令佳佳头痛了。

点击"快递大全"功能模块，便看见近百家常用的国内国际快递及物流公司，正按照字母顺序排着队，恭候你的光临。找个公司，点击公司名称下面的"电话"按钮，客服电话即刻为你接通。或者点击"网址"，查看一下这家公司的基本情况和相关业务，考虑一下它到底是否正是你所需要的呢？

有人寄快递给你了，你正心急如焚地等待中？在"快速查询"里，输入你的快递单号并选择相应的快递公司，**快递100** 就会为你查询该快递目前的投递状态。你寄了文件，不知道是否已经到达了对方公司？在"我的快递单"里，你可以看到所投快递的最新状态。这里，你还可以对多个快递进行统一查询管理，所有查询过的快递单都能自动保存在这里。"详细记录"里，还有快递的详细动态记录，让你轻松掌握快递的在途状况。

快递100是否具有比价功能? 手机端**快递100**还不具备比价功能，通过电脑端的**快递100**软件，你可以查询特定重量的物品在特定路线运输中形成的费用，并进行比价，选择最合适的快递公司。手机端**快递100**最便捷的功能是查询快递在投递途中的状态。

如何查询出错原因? 如果在查询过程中出现了问题，你可以点击首页右下角"更多"按钮中的"意见反馈"，查看常见的出错原因。另外，你还可以输入使用过程中的反馈意见，便于应用进一步改进。

同类应用 🔍

46644快递　　快递查询　　快递查　　意林快递

美图秀秀——手机上的美容神器

　　拍出来的照片有红眼，不好看！脸上有颗大痘痘，不好看！照片里的自己看起来气色很差，不好看！别烦心，*美图秀秀*来帮你。轻轻一点，磨皮、祛痘、提亮肤色，全都是小菜一碟！

　　随着智能手机像素的提高，人们越来越多地运用手机进行日常或突发场景的拍摄。相比数码相机，智能手机还有一个相当明显的优势：可以利用软件直接来修改图片，使之更趋完美。*美图秀秀*就是这类应用中的佼佼者，操作简便，号称"不用学习就能用"。

　　在图片处理方面，*美图秀秀*的功能可谓相当全面，在首页上主要有"美化图片""人像美容""拼图""拍照"和"素材中心"几大板块。前两者分别适用于景物和人像的单张照片，"拼图"则可以将多张照片合成为一张，"拍照"能够直接完成从取景到处理的"一条龙"服务。最后，在"素材中心"中可以下载最新最热的边框、背景等资源。

　　从最基本的裁剪旋转等"编辑"功能，到调色补光等"增强"功能，再到给图片增添边框和文字说明等再加工工序，还有突出静物人像的"背景虚化"功能，*美图秀秀*的美化功能全面便捷。不仅如此，*美图秀秀*还提供了多种时尚热门的艺术效果，如突出对比和暗化四角的

LOMO 特效。下方导航栏中，以"影楼""时尚"和"艺术"3种美化加工风格为区分，还有更多特效可供选择。

以"美容神器"著称的*美图秀秀*，其美化人像功能格外突出，提供了"磨皮美白""祛斑祛痘""瘦脸瘦身""祛黑眼圈"和"眼睛放大"种种符合时下审美的实用功能。为了方便上传微博、分类整理，*美图秀秀*还提供了将多张照片整合为一张的拼图功能。除了"模板拼图""自由拼图"和"图片拼接"3种方式外，*美图秀秀*还提供了可供下载的模板和背景，用户可以更具创意地进行多种拼图。

快点打开*美图秀秀*，和朋友们一起分享美丽吧。

技巧发现 Q

单张照片太过单调、缺乏"形式感"怎么办？首页的"美化图片"有"边框"功能，*美图秀秀*提供了两类边框形式：传统不透明的"简单边框"和与景相融的"炫彩边框"，添加后照片会更具韵味。

摄像头或者光线比较差，拍出来的照片噪点太多怎么办？"人像美容"中的磨皮效果可以有效降低噪点数量，这样一来，前置摄像头也可以拿来玩自拍啦！

同类应用 Q

照片大头贴

天天美图

GIF快手

魔图精灵

POCO美人相机——美女最爱自拍软件

想拍出更美的自拍照吗？想轻松完成修图吗？*POCO* 美人相机轻松帮你搞定，让人人都可成为"白富美"。

作为时下一款非常热门的照片美化手机应用，*POCO* 美人相机是针对手机拍照用户群而推出的自恋级手机拍照神器。它的最大特色就是集合数种 PS 经典模式，抛弃了电脑软件的繁琐操作，智能美型，自动识别脸部特征，无论是瘦脸，眼睛变大，变微笑，只要轻轻一点，即刻轻松展现你的美丽容颜。

POCO 美人相机的用户界面简单可爱，绿色字体和清新界面排列都充满了女生柔美的气质，是时下流行的小清新风格。

既然是美人相机，那它最主要的功能就是美化您的容颜。美肌、美白、嫩肤、色调，拍照后只需一按，不用高超的 PS 技术，不用繁琐的操作，就能一步到位，让你的痘痘不见了，皱纹没有了，肌肤更加亮白细致有光泽，

不用你再费心费时去补妆。另外，应用自带十余个个性美颜模式供你选择，性感、朦胧、清新……总能找到属于你的美丽。

你羡慕微博达人照片上精彩的装饰吗？你怀念大头贴丰富的边框吗？*POCO* 美人相机还专门添加了女生喜爱的装饰和彩妆功能，拥有超过 170 款可爱、文字、闪亮装饰可供

下载，并可以简单添加个性相框，制作卡片，让你一秒变身萌妹子和女神。

爱自拍的美女都苦恼的一件事就是手机内存总是不够用，为此，*POCO* 美人相机提供了内置的网络备份功能，可将图片直接导入 POCO 图片社区提供的免费网络云相册，空间大小不受限制。

技巧发现

如何更好地完成自拍？*POCO*美人相机有"智能自拍"功能，可前置镜头，让你看着屏幕完成自拍。另外还有四格LOMO、拼图等多种拍摄方式，从不同角度拍摄出不一样的美感。

如何让更多的朋友看见美照？ *POCO*美人相机上有一键多平台分享功能，可将照片一键分享到新浪微博、腾讯微博及POCO微博，让你瞬间变成微博达人。

同类应用

 相机360　　 POPO相机　　 Fotolr照片工坊　　 美美相机

啪啪——为你的图片加入声音吧

有了社交媒体和移动应用以后，大家都喜欢随时随地把所闻所见所感分享给熟识或陌生的朋友。我们已经习惯拍一张图片，再配以文字来表达，但如果可以用声音来讲述图片背后的故事，您会不会更喜欢？您想不想听到您所关注的名人或陌生朋友的声音？打开**啪啪**，带您体验。

啪啪是一个既有图片又有声音的社区。也许说到现在大家还没听太明白，**啪啪**的信息发布并不依靠文字，而是使用了语音与图片的搭配。这不仅解决了打字的麻烦，还拉近了社交网络上人与人之间的距离。使用**啪啪**时，回复的一方同样可以使用语音来回复。

啪啪重视图片，独有的大图显示模式跟传统社交应用很不一样，它采用了红白黑的配色，设计十分简洁，将大量的页面空间留给用户用于展示图片。同时，为了有更好的视图效果，**啪啪**自带 10 余种的实时滤镜功能，可以让您轻松拍出 LOMO、胶片、电影、美肤等效果的图片。

除了图片最重要的就是语音，这也是**啪啪**的新玩法。**啪啪**提供了 90 秒的语音录制时间。使用后您会发现，在**啪啪**上不仅仅有聊天的、讲故事的，同时还有讲笑话、唱歌、介绍好吃的，和图文社区的体验相当不同，能给您不一样的新鲜体验。同时你还可以通过**啪啪**与明星们近距离对话哦。

既然是社区，我们就要来说说**啪啪**的社区功能。许多朋友在微博和 QQ 上都有固定的朋友圈子，有长期关注的明星、名人或小红人，不要担心到**啪啪**上会找不到他们。您可以直接使用新浪微博账号或 QQ 账号登录，并通过授权直接关注已使用**啪啪**的微博或 QQ 好友；同时邀请你的好友进行试用，让您的社交圈子轻松转移。

技巧发现 🔍

如何关注找到有意思的声图？ 点击进入**啪啪**首页的"热门"，您能看见最新的大家喜欢或评论最多的图片和声音，让您找到可能感兴趣的新朋友。

如何让更多的人看见？ **啪啪**已与众多社交平台对接，只要在发布时同时点击"分享"，就能轻松分享到新浪微博、腾讯微博、微信和QQ空间等，让您其他社交圈还未开通**啪啪**的朋友也能分享您的声音图片。

同类应用 🔍

有声图片　　　　　　PaPa有声日记　　　　　　有声照片

随手记——当家理财好助手

　　还没到月底，荷包已经空了，可是好像也没怎么花啊？你也有这样的烦恼吗？不妨试试*随手记*吧，随时随地记账，变身理财达人。

　　打开*随手记*，映入眼帘的是这个月的流水账。这个月你计划花多少钱？打算花多少在衣服饰品上，多少在人情交往上？这些都可以设置。或者你也可以计划吃喝玩乐、衣食住行各花多少钱，然后*随手记*就会告诉你，你要做多少预算了。预算瓶会让你一眼就看到这个月还剩多少钱。控制消费，就是这么简单！你可以查询每一天、每一周、每一个月的明细。点击"记一笔"，即可记下每笔开支。设计周密的记账模板让你不由得感慨*随手记*的强大，诸如饭卡、公交卡等项目也纳入其中，还可以选择是自己的还是家人的开支，甚至你借了别人钱或者别人借了你钱，都可以记录在案。

　　*随手记*的账户分类非常专业，包括现金账户、金融账户（银行卡、存折）、虚拟账户（公交卡、支付宝等）、信用卡账户（各种币种）以及应付、应收款

项。账户还不够多？那就创建一个吧。担心不会用？其实你只要在相应的明细项里填入金额即可，是个"傻瓜"应用。

　　*随手记*可以将你的收支、使用情况生成图表，试试那个可触摸旋转的饼图吧，你会对自己的财务状况一览无遗。如果你有特别关心的开销状况，比如某段时间、某个家庭成员的收支情况，你也可以通过设置，让*随手记*生成专项的图表。你还可以对比诸如每个月，或者每个成员的开支状况等等。

　　*随手记*还有更多贴心的设计，比如刚买了年货，大包小包腾不出手记账？那就语音输入吧。

想记下在哪儿买了这件宝贝？那就定位一下吧，马上就能找到你所在位置附近的商家。现在懒得记，想回头再整理？那就二维扫描吧，或者先拍个照片存起来。

"功能中心"里有更多惊喜等着你，比如更详细地定义收支——例如交通费用是来自公交、打车还是自驾等等。你还可以从邮箱导入信用卡账单等等。对了，别忘了看看右上角的"消息"，那里有*随手记*为你精心挑选的财务资讯和最新服务哦。

> **技巧发现** 🔍
>
> **我的数据安全有保障吗？** 功能中心里的"数据安全"一栏，提供了各种备份数据的途径，防止数据意外丢失。你可以密码锁定，避免他人看到自己的账务。需要的情况下，可以通过"还原初始数据"，一键清空所有数据。
>
> **太专业了，但是我懒得摸索，怎么办？** 新手入门遇到的各种问题都可以在功能中心的"帮助与其他"中找到答案。

同类应用 🔍

挖财记账相机

记账消费管理

财客

91记账

安兔兔评测——晒出你的手机跑分

智能手机双核时代已经到来，四核手机也成为人们追求性价比的首选。如果你想知道自己的手机硬件有多强悍，能否看高清视频，玩 3D 游戏？不用再去翻看手机说明了，下载一款**安兔兔评测**手机应用，一切便明了了。

别小看手机性能，它的好坏，直接影响手机中音乐、游戏、视频、通话、桌面、微博、邮箱和淘宝购物等应用的使用体验。如果你的手机看视频，玩游戏有卡顿现象，那么很可能就是你的手机硬件性能不够。

"得分：15848，排名 257002"，这是小王手中的联想 K860 的硬件分数与排名情况。通过这个得分情况，小王可以得出结论：他的手机性能比较强悍，看高清影视，玩 3D 游戏是完全没有问题的。

让我们来看看"得分"是如何计算出来的吧。"安兔兔"通过对"CPU 和内存""2D 绘图""3D 绘图""数据库 IO"和"SD 卡读写"五大项功能测试对手机的硬件性能做出评分。通过评测整体和单项硬件的得分，来判断各硬件的性

能。也许你对这几个项目类别并不熟悉，但是不会阻碍你使用这款软件，它能一键运行完整测试项目，点击开始测试，把手机静止放平，期间不要对手机有任何操作，稍等几分钟，便可以出结果了。

想看看每项的详细得分？你可以点击本机得分的下拉隐藏按钮，查看

RAM 性能、CPU 整数性能、CPU 浮点性能、2D 绘图性能、3D 绘图性能、数据库 IO 性能、SD 卡写入速度和 SD 卡读取速度 8 个子项的详细得分，如果手机的整体得分低，通过查询详细得分，就可以看看"短板"在哪里了。

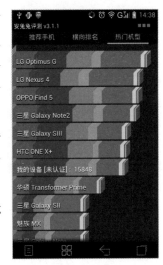

如果你是手机跑分党，想炫耀一番，可以上传分数并查看世界排名，通过世界排名查看分数高的机型，也可查看当前手机的排名位置。

这款评测软件，也具有一般硬件检测功能，你可以查看本机操作系统的详细信息，包括 SD 卡容量、CPU 型号、频率、系统版本号等多项信息。

技巧发现

觉得测试不准怎么办？ 你可以先把手机清理一下系统缓存，关掉不必要的运行程序，点击重新测试，再来一遍。

如何了解更多关于这款手机的评价？ "用户评分"里显示了使用同款手机用户在综合、性价比、易用性、外观、质量和售后服务等方面的主观评价。"用户评价"则显示了这款手机用户在论坛里的评论留言。

同类应用

安卓跑分

鲁大师

手机性能测试

手机硬件检测

驾考宝典——拒绝补考！

2013 年 1 月 1 日起，驾考新规正式实施，网上"难"声一片。理论考试没了题库，你是否还能招架得住？你的学车计划是否受到影响了呢？极具人气的驾驶员理论考试软件驾考宝典与时俱进，通过专业的模拟考试与练习，助你一臂之力。

无论是小车、货车还是客车，你都可以利用定位功能选择所在地点和考区，并选择车型，驾考宝典可以根据你的选择自动切换至所选类型的驾照题库、车型专用题和地方法规题目，供"科目一"考试学习使用。

你可以通过章节练习、顺序练习、随机练习和强化练习等多种方式来学习巩固交规理论知识。其中，章节练习是按照章节组织题目，知识点全方位覆盖，学起来一气呵成，顺序练习能智能记忆上次练习的位置，题目阅读、练习更顺手，记忆效果更佳。如果觉得练习成果不错，那么你就可以选择模拟考试，来进行实战考验。

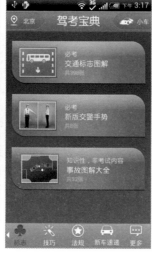

有些人对于交通标志觉得容易混淆、无比头大，驾考宝典采用图文的形式对约 400 个交通标志、30 多种交通事故、8 类交警手势进行解释说明。

如何全面分析自己的学习阶段和能力，进行有针对性的提高呢？驾考宝典提供了统计功能和错题收录，练习和模拟考试中答错的题目自动归类至"收藏夹"和"我的错题"。驾考宝典帮助你分析练习和模拟考试两个环节答题的正确率，并强化对易错题、常考题的理解，有空的时候多看看，事半功倍哦。如果你想考试能力更上一层楼，可以点击技巧按钮，来查看更高超的考试技巧和拿证秘籍。当然，靠死记硬背题库拿证的日子已经成为历史，要活学活用，深入理解新法规才能甩掉"马路杀手"的帽子，成为合格的驾驶员。

技巧发现 ⊙

　　如何更高效地进行考题训练？模拟考试中包含2013年新施行的新交规考题，在练习中，你可以点击下方任务栏里中间的菜单按钮，进行题目跳转和亮度调节。

同类应用 ⊙

驾照考试一点通　　　驾考一点通　　　驾考神器　　　317驾照考试

全国违章查询——不再逾期违章

史上最严交规 2013 年元旦开始实行了有木有？手机来电都不敢接了有木有？等到红灯才觉得比较踏实有木有？亲们，都怕被扣分吧？

赶快装个全国违章查询吧。随时查查，保不齐哪天一不留神被扣了分、罚了款还不知道。它又被称为"违章查询专家"，覆盖全国 32 个省、直辖市、自治区和特别行政区，共 300 多个城市的汽车违章数据查询服务，而且还在不断增加中；它与交通执法部门的数据库同步直连，你什么时间在哪儿被罚了，扣了几分、要交多少罚款，处理状态，等等，都记录在案。

现行的公安部颁布的《道路交通安全违法行为处理程序规定》中设定了滞纳金上限，如果你到期不缴纳罚款，每多一天就要多交罚款数额的 3%。不幸被记录"行驶证违章"的，一旦累计 5 次不处理，车就被扣了。要等所有违章处理完毕，才可以领车。同时，一年的记分周期内，应该把违章处理完毕。否则，未处理的违章被转入下个记分周期，很可能会满 12 分，那可就要重新考驾

照了。不过，现在不用担心了，你可以时不时查查全国违章查询。更省心的办法是直接让它推送，一有动静就通过桌面图标提醒你，让你再也不会忘记了。

为了应对限行买了两辆以上的车，你是职业司机掌管着公司好几辆公车，这些都不是问题，因为全国违章查询支持多辆机动车违章查询，去哪儿交罚款，如何联系，都有详细信息。

全国违章查询还可以为你提供最新指导油价，跟着油价变动趋势安排加油，帮你汽油省着花。北京的车主更获赠限行信息的免费提醒服务。

哪天有雨，哪天刮风，全国违章查询也能够提前

告诉你。当然还有"爱车一族"关心的洗车指数。诸如购买车险、出行技巧，等等，全国违章查询也为你想到啦。倘若你聚会时小酌一杯了，它还能为你找代驾呢。真是集开车信息之大成的专业 App。

全国违章查询帮助你避免交通违章逾期所带来的损失。同时也提醒着你，严守交规，和谐社会，平安出行。带着它，上路吧。

技巧发现 🔍

考到驾照了，想买车，也有可查的？"新车速递"里有免费试驾信息哦。

同类应用 🔍

违章查询

司机秘书

小米司机

第四篇
Di-Si Pian

健康教育新平台

第一章 移动健康新体验

春雨掌上医生——手机上的"求人不如求己"

《求人不如求己》是一本多年前在中国热销的健康书籍，曾激发了国人自我保健与养生的意识。而今在移动互联网时代，DIY（自己动手）精神更是深入精髓。当人们身体偶有小恙时，可以不必再急于就医，而是掏出手机打开**春雨掌上医生**，根据症状自诊病情，并享受医疗专家如影随形的服务。

先看看"症状自查"，3D图像提供了男性和女性的正面、背面四种选择，你只需点击自己出现症状的相应部位，就会出现所有与该部位相关的症状。当然，你也可以选择文字筛选与查询模式。接着你可以根据自身情况，进一步选择和查找到类似症状的可能诱因、病症概述、病例图片、检查、分科和治疗等一系列信息，并在"附近"一栏里找到推荐的周边医院、药店和专业医生信息。

在你对自己的病情有了初步判断后，便可以在"咨询医生"板块下的"博士诊所"中，向**春雨掌上医生**聘请的北京三甲医院"妇产科""儿科""内科"和"皮肤性病科"等12个科室的医疗专家进行图文或电话咨询。你还可以对专家的咨询结果进行答谢和评分呢。此外，"咨询医生"板块每天提供200个"即时咨询号"，提问后1小时内即可得到医生的反馈，让幸运的你免去初诊排队挂号、等候就医的各种麻烦。

春雨掌上医生还提供"疾病库"服务，收有近8000种病例的详细诊疗信息。担心它的专业性？**春雨掌上医生**的数据主要来自国内外购买数据库、网上采集疾病数据和聘请医疗专家编辑内容 3 种方式，帮助你较为准确地初步判断病情。

另外，"健康播报"栏目每天为你呈上热点、安全、美体、性情、身心和妇幼等多种类别的健康新闻。如果你是注册用户，"个人中心"会根据你的身体健康情况提供贴心的医疗提示。

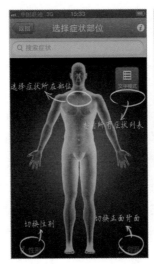

第一章 移动健康新体验

技巧发现

如何提高"即时咨询号"的被选中率？*春雨掌上医生*提示，如你邀请更多好友下载并应用，将获取问诊绿色通道，优先提问，可以尝试。

如何邀请其他朋友下载该应用？只要点击主页右上角的"短信推荐"一栏，系统就会自动生成一条邀请短信，将它发给朋友就可以了。

如何能够即时获知我关心的医疗健康信息？"健康播报"栏目中所有类别信息都可以订制，点击该栏目右上角的"设置"，选择"ON（打开）"，在联网的情况下，你就可以接收推送信息了。

同类应用

春雨心境

好大夫在线

家庭急救

用药安全

中国求生手册——为你的食品安全随身护航

虽然国家监管和打击的力度不断增强，食品安全问题依然日益凸显，我们亟需及时更新食品安全信息来保护自己和家人的健康。在此需求下，**中国求生手册**应运而生，致力成为国人食品安全的保护者。

中国求生手册分为"最新求生提醒""最近热点关注"和"求生大全"。

"最新求生提醒"实时抓取网上最新的有关食品安全的新闻，保证我们第一时间获取信息。每一条新闻都会根据其内容性质被划分为副食、零食、主食和医疗保健等多个类别，还标明品牌、影响地域和危害等级等信息，让我们对其危害程度以及与自己的关系一目了然。新闻可以被分享到微博、微信或是通过电子邮件、短信转发，让我们可以及时预警我们的家人、朋友。最为实用的是，我们购物时可以用手机的自带相机扫描食品包装上的条形码，即刻了解产品相关信息，甚至预警信息。

"最近热点关注"将信息按照转发次数从高到低排列，便于我们根据受关注程度来判断食品危害的严重性。

"求生大全"将可能造成生存危害的事情分为社会事件、自然灾害、主食、副食、零食、医疗保健和其他等几类，将每日新闻信息归类，让我们很容易就能把握某类危害事件的最新

动态。当然，你也可以根据自己关注的具体问题搜索查询。

*中国求生手册*还推出受害地区排行榜，将搜集到的食品安全事件发生数量进行地域统计，按全国和省别进行柱状图展示，形象地告诉我们哪个地方问题严重。

技巧发现 Q

*中国求生手册*只有食品安全信息吗？*中国求生手册*目前在加大社会事件和自然灾害的信息搜集工作，因此已不仅局限于食品安全领域，而是力图成为中国综合性突发事件和危机信息与预警平台。

如何将自己身边的安全事件告诉*中国求生手册*？在右下角设置一栏中，有"安全事件问题反馈"一项，点击后会自动跳出一封发给"手册"的电子邮件，填写好内容后，发送即可。

同类应用 Q

食品安全卫士

有毒食品大全

食品安全百科大全

食品安全黑名单

过日子——移动时代都市白领的新"黄历"

9月23日早晨7点，就职于某互联网公司的小张习惯性地起床后立刻打开手机。屏幕上，点点金色的桂花提醒他，金秋时节已然悄悄来临。在绚烂的桂花图案之下，系统字幕提示小张，这一天，正是农历秋分，风清露冷，适合吃些辛酸果蔬，而当季的西兰花、茭白、柿子、核桃都是不错的选择。

午饭时，"体贴"的手机还根据秋分特色和小张的个人体质为他推荐了一杯普洱茶，并颇为幽默地提醒到：秋高气爽，宜抬头挺胸，忌懒惰。当然，"细心周到"的手机也不会忘记小张的家人朋友，为他年弱体虚的母亲推荐了鲫鱼蒸蛋、为妻子推荐了红小豆煲南瓜。小张毫不犹豫地轻轻一点，将这些养生食谱和小妙招转发给了母亲和妻子。

实际上，以上这些温馨的小细节并非得益于小张的手机，而是一款最近很火的生活类 App 过日子的功劳，而小张正是这款 App 的粉丝。这款被大家亲切地称为"老黄历"的应用其实一点儿也不老，反而充满了科学、时尚的"青春气息"。

第一次使用过日子时，小张被邀请填写了一组包含 60 个题目的问卷，如

"你是否经常感到疲劳？""是否经常感到口渴？"通过这些问题，过日子可以准确定位小张的体质类型，经过测试，小张属于"平和型"体质，身体比较健康，只要注意均衡营养即可。

以前对农历节气并不敏感的小张最近迷上了数着节气做事，原因无他，正是因为过日子巧妙地将日常养生与时节联系在一起，经常介绍有意思的节气小知识。过日子不但会向你解释所处节气的特点，还会在这个节气推荐适合的饮食。比如在秋分节气，它的主题是"秋分喝茶"，过日子结合之前体质测

试的结果，向小张推荐了十几种茶，从枸杞普洱到无花果大海茶，并配有每种茶的图片、推荐原因、用料和做法。小张只要如法炮制即可。此外，时令蔬菜的推荐也相当讲究"天时、地利、人和"。*过日子*结合小张的体质、当季蔬

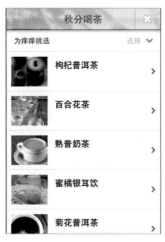

菜、水果、生鲜以及粮谷，为他设计了一整套丰富的食谱，并对每味食材都加以详解，告诉小张选购这些食材的技巧和食用禁忌。

最令小张惊喜的是，*过日子*还像个经验老道的管家一样关注着他全家人的身体健康。打开应用，小张可以轻松地将自己关心的和关心自己的人的健康档案输入其中。*过日子*每天就会为所有备案的人设计一份独一无二的健康食谱，通过绑定微博，小张可以将它给出的饮食建议轻松地与家人朋友分享。

技巧发现

　　如何关心家人和朋友的健康？ *过日子*不仅可以给用户自己提出饮食建议，在主界面右上角社交功能中还提供"家人朋友管理"一项，用户可以添加家人朋友，邀请他们进行体质测试，并将饮食建议发送给"关心我的人"和"我关心的人"，利用社交网络增进更多人的健康。

同类应用

颈椎你好吗

胃你好吗

老偏方

四季养生

糖尿病医生——守护在身边的健康帮手

糖尿病又被称为"沉默的杀手"，40岁以上的中老年人发病率非常高，儿童也是常见发病对象，因此需要及早预防和治疗。*糖尿病医生*是专门服务于糖尿病高危人群的移动应用，可以帮助人们了解糖尿病的症状、饮食保健等基本知识，以便及时进行预防、治疗和护理。

在首页搜索框中，你可以手动或语音输入与健康相关的词条查询，例如"糖尿病"，结果会显示疾病百科、病症、医院、药品、医生和食品等各种分类信息。你也可以先去"风险评估"评测一下健康状况，并判断未来你患糖尿病的风险程度，以及获得针对性的建议。

如果你已经是糖尿病高危人群的一员，可以在"医院查询"板块中按照医院的名称、地址和等级，或者按照省市地区来查找医院。查询结果会显示医院详情和推荐大夫，连行车路线也为你考虑到了。你也可以通过定位，来查找附近的医院；浏览"病例分享"，这里有一些患者的病情介绍、治疗体会和建议

提醒等；或是直接点击查看医生和医院的信息，进行咨询和预约。医生开了药方，你可以去"常用药物"板块中，输入药品名或者描述病症来查询对症的药物，每种药物都有包括用法、保存以及服用禁忌等在内的详尽信息。

要想健康，光靠医生可不行，还要有健康的生

活方式。在"健康工具"板块中，你可以完成心跳、体重、视力等一系列测试，或者打开计步器小走一段。这里还有"用药提醒""预约提醒"等实用又贴心的功能。在"健康食品"中，你只要输入食品名称，就可以查看该食品的营养构成，帮助你有意识地进食，做回健康人。

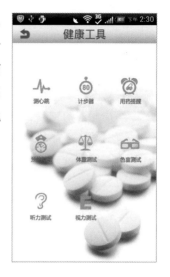

第一章 移动健康新体验

技巧发现

如何定制病例？ 成为注册用户，登录后在"病例分享"功能模块，点击右上角"定制病例"，然后选择关注的身体部位和疾病，进行病例定制。

为什么我不能进行语音输入？ 在使用语音输入之前，你需要点击首页搜索框左侧的麦克风小按钮，然后会出现下载语音识别包的提示，下载后就可以语音输入了。

同类应用

掌上药店

糖尿病知识问答

快乐孕期

高血压

每日腹部锻炼——轻松塑造动人小蛮腰

营养丰富的饮食，久坐不动的习惯，使腰部的"救生圈"成为很多都市人的烦恼。想减掉腰部赘肉，运动又很难坚持，运动不当还容易造成肌肉的损伤。要是有一位健身"教练"陪同锻炼，还不收任何费用，该是多么的完美。*每日腹部锻炼*让这一切不再是痴人说梦。

找一块干净、平坦的地方躺下，把手机放在身边平稳、安全的地方，打开*每日腹部锻炼*，跟着教练一起做运动吧。*每日腹部锻炼*提供 9 个锻炼项目，每项都有帅哥美女教练的示范视频，让你姿势标准、变着法儿地塑造腰腹，使锻炼不再枯燥。

每个动作开始前，都会有语音提示，你有 3 秒钟的时间做准备，然后倒计时便开始了。这里，你有两种选择：点击"开始完成锻炼"，教练会带领你从头至尾完成全套 9 个动作；而"从锻炼开始"，你可根据自身需要单独选择从某个动作开始锻炼。

锻炼贵在坚持，*每日腹部锻炼*不要求你一天就甩掉"救生圈"。每次锻炼 5 分钟、7.5 分钟或是 10 分钟，任你选择。不过，不论是哪个时长，你都要完成全部 9 个训练动作，只是时长不同，每个动作完成的次数也不同。

你可以通过设置，选择在视频下方显示英文字幕，说明该动作名称、锻炼目的和动作要领。你也可以根据自己的情况，设置一天例行锻炼的频率。免费版是单次锻炼，收费版本中则提供了 2 次、3 次等更多训练内容。你还可以让*每日腹部锻炼*在该运动的时间自动提醒你，让偷懒没有了借口。坚持一段时间，相信会有惊喜哦。

技巧发现 🔍

如果体力不支，跟不上视频怎么办？没关系，视频可以暂停。另外，你也可以点"从锻炼开始"，单独选择某几个动作来锻炼。

如何能给自己的锻炼来点小奖励？在完整地做完一组动作后，会有语音提示和热烈的掌声，给予肯定。附带的社交网站链接也会跳出，让你有机会秀一下自己的锻炼成果。

我该如何锻炼其他部位呢？在应用商店中搜索"锻炼"，会有类似的各个部位的锻炼软件可供选择。也可以参考下面的"同类应用"中列出的几款应用。

同类应用 🔍

每日全身锻炼　　每日臀部锻炼　　每日腿部锻炼　　前胸肌锻炼

快乐孕期——准妈妈的好助手

自打准备怀孕开始，宝妈就和**快乐孕期**结下了不解之缘。需要注意些什么，如何知道自己是否怀孕，没经验的宝妈都得到了详尽的解答。

怀胎十月，对宝妈的第一个考验就是要随时知道宝宝的周数，这对于工作着的宝妈来说确实有些难。**快乐孕期**帮宝妈快速搞定，只要输入末次月经日期，它就会告诉你预产期、宝宝的天数，并对宝宝出生进行倒计时。看着宝宝出生时间一天天临近，宝妈满心欢喜。

等待的日子总是幸福又忐忑。生一个聪明又健康的宝宝，是所有准父母的期待。每天，宝爸宝妈都会忍不住讨论一下，宝宝现在什么样子？有多大？会睁眼了吗？这个阶段应该注意什么？现在，每天晨起和睡前查看**快乐孕期**，成了宝爸宝妈的必修课。"每日知识"会根据宝宝成长状况告诉准妈妈她本周应有的状态和宝宝的变化，并且结合孕周给准妈妈介绍注意事项、怀孕禁忌和胎教知识。这里还会教宝爸如何照顾宝妈，"美食厨房"更列出许多孕妇专享菜谱，生宝宝可是两个人的事情哦。**快乐孕期**还会提醒宝妈特定时段应该进行的产检

项目，帮助宝妈顺利度过孕期。

可是，和许多其他准妈妈一样，小心翼翼的宝妈面对越来越差的空气质量，防不胜防的食品安全问题，各种辐射……隐隐的焦虑和不安萦绕心头，挥之不去。先兆流产、"唐筛高危"等考验着宝妈的心理承受能力。相信每位宝妈看到唐筛高危的化验结果想必心情都会跌到低谷。唐筛高危说明什么？羊

水穿刺风险有多大？报告单的结果应该如何理解？孕酮低会有哪些危害？吃保胎药会不会对宝宝有副作用？如此种种，几乎都可以在*快乐孕期*中找到答案。

不放心的宝妈还去"交流圈"，看看大家如何说，很快就喜欢上了这个准妈妈们交流的乐园。在这个乐园中，准妈妈们共同面对孕育宝宝的过程，对怀孕过程中遇到的各种担忧与困惑，大家纷纷用自己的实际经验支招。同院的准妈妈们还可以相约一起去产检。这里流淌着爱和正能量，在鼓励和安慰中，十月孕程不再孤单，不再漫长。

就这样，在*快乐孕期*的全程呵护下，曾经被宝妈视为"万里长征"的 10 个月，终于平安顺利地度过了。不过，随着宝宝呱呱落地，宝妈的革命却还尚未成功。坐月子可是件大事，这不，**快乐孕期**的"小工具"中汇集了大量月嫂信息，会根据宝妈所在的城市推荐月嫂，帮助初为人母的妈妈们调理身体、抚育初生的小宝宝。

技巧发现

那么多注意事项，记不住怎么办？"关爱提醒"里，每周重点事项都给你列出了哦。

有糖尿病，怀孕期间应该注意什么？关注"精彩活动"，这里经常邀请医院专家在线指点，可以直接在线提问哦！

同类应用

快乐育儿　　孕期家庭医生　　怀孕那点事　　微宝贝

第二章　移动课堂我爱上

 网易公开课——足不出户淘尽天下课

　　哈佛的"幸福课"、斯坦福的"法律学"、耶鲁的"心理学导论"，信手拈来，想听就听？下载*网易公开课*，这一切就不再是梦想。2010 年 11 月，网易推出"全球名校视频公开课项目"，首批 1200 集来自于哈佛大学、牛津大学和耶鲁大学等世界知名学府的课程视频上线，内容涵盖人文、社会、艺术和金融等领域。现在，*网易公开课*将这些重量级的课程重新包装并搬到了手机上，让移动课堂成为现实。

　　你已经迫不及待想一睹为快了吗？先看看"今日推荐"吧。进入感兴趣的课程，可以看到该课程的简介，并选择课时观看，还可以看看有哪些相关课程并点击观看，完全没有传统课堂的限制。没有感兴趣的？那就从"课程"里寻找吧，这里有心理学、数理、人文、经济等近 20 个学科的课程，有国内的也有

海外的高校，还有 TED 的演讲。如果对微积分和天体物理学感兴趣，就可以选择数理类课程，在这里会听到麻省理工大学的"单变量微积分"。对人文感兴趣的话，可以听听耶鲁大学的"美国内战与重建"等课程。你也可以在页面左上角的搜索栏中输入关键词，直接寻找课程。

　　发现某个视频有问题？点

击右上方的"纠错"，赶快通知网易改进吧。临时有事，可是视频还没看完？没关系。点击页面右上角的时钟标记，那里收录了你看过的视频，有时间可以继续观看。另外，*网易公开课*所有课程视频都可以下载，这样不联网也可以看，充分利用碎片化时间来学习。你还可以收藏心仪的课程，并在"收藏夹"中快速找到以及同步到其他设备。独乐乐不如众乐乐，把你喜欢的课程通过微博或者人人网分享吧，介绍给更多的人看。

技巧发现

*网易公开课*的英文课程听不懂怎么办？目前大部分英文视频都配有中文字幕，并且在不断推进中。每个课程信息栏里都显示了所有课时数和已经翻译的课时数。

我能为*网易公开课*做些什么？*网易公开课*是公益性质，不收费亦无广告。如果你英语好，不如报名加入课程翻译组，参与课程义务翻译吧。

同类应用

新浪公开课

沪江网校标准版

华师公开课

千寻课堂

Speaking Pal 英语家教——你的随行"私人外教"

你是不是有过干张嘴却蹦不出英语单词的尴尬？你是不是有过渴望学习却对学费望而却步的无奈？那就试试 *Speaking Pal* 英语家教这款应用吧。"Speaking Pal"意为说话的伙伴，你可以在 iPhone 或 iPad 上下载使用它。它采用大胆的说唱英语，让你抛弃英语课堂恐惧症，使学习效果事半功倍，非常适合提升阶段的英语学习爱好者。

这款应用最大的特色是，它采用情景化教学模式，结合在英语国家经常碰到的酒店入住、外币兑换、问路等情境设计了一系列 1 分钟以内、配有字幕的对话录像。你可以像唱 KTV 一样，根据字幕提示与录像中的人物进行对话，熟悉并掌握常用的英语口语。

打开这款应用，在热情的欢迎录像之后，*Speaking Pal* 的首页就显现出来，主要由"Listen（听）""Speak（说）""Progress（进展）"和"Setting（设置）"四块内容组成。你可以根据自己的需要，任选其一点击进入。

Speaking Pal 课程包括五部分：第一部分主要是供体验并学习使用各种

功能；第二部分是热身，通过简单的口语训练让你进一步熟悉操作并建立自信；第三部分是"水平一"，主要是在英语国家生活中所需要的对话练习；第四部分是"水平二"，侧重一些公共事务办理中需要的对话练习；第五部分是"水平三"，重点是商务活动中需要应用的英语对话训练。每个部分录像截图上标有向下箭头的是免费提供的学习内容，有购物车图形的是需要购买的内容。点击录像截图，相应的对话下载完毕后，就可以收听学习了。

听过之后，你就可以自己模仿来跟读了。录像下方会提供字幕，并显示对话进程，只要像唱卡拉 OK 一样按节奏读出文字就可以了。你与 *Speaking Pal* 的对话都会被忠实地记录。你可以戴上耳机独自感受与"老美"发音的差距、体会自己发音进步的喜悦，该应用会从语音语调两个方面对你的练习予以评价，以红色字体标出模仿中出现问题的词，以绿色字体标出你模仿到位的词。

外语学习最怕三天打鱼两天晒网。*Speaking Pal* 是位认真负责的老师。点击"进步"标签，你能够看到自己在"听"、"说"课程上的进展与得分。在"设置"中用户还可以设置练习通知，随后系统会根据设置的时间频率发来练习提醒，督促你进行练习。

技巧发现 🔍

　　如何能让自己的模仿更像"教练"呢？想要好成绩，勤学苦练是不二法门，当然技巧上也有讲究，比如充分利用对比功能，找到自己发音较差的几个单词重点练习；还可以利用耳麦远离周围的嘈杂，让自己的模仿被清晰地记录，自然有助于评分的提高。

同类应用 🔍

每日必听英语

MindSnacks英语

英语口语必备

掌中英语

掌中英语——英语微课程学习

　　全球化时代什么最稀缺？当然是人才。全球化时代什么语言最通行？自然是英语。会说英语的人才在全球化时代就会畅行无阻。小张是家 IT 公司的技术骨干，业务做得顺风顺水，但近些日子他也有些坐立不安了。公司为了向国际市场发展，刚刚与一家外国企业合作，办公室里从天而降了几个"老外"，满嘴的"英格利士"。不论开会发言，还是写电子邮件，英语逐渐成为主要的交流语言。"老外"还特别客气，每天上班下班都还要跟小张打招呼，他只能红着脸点头回应，好不尴尬。

　　受了刺激的小张，决定把丢下多年的英语捡起来。但成套的教材、系统的学习、死记单词、硬背语法，想想自己英语学习的往事，真是苦不堪言。况且，他如今每天还要忙于工作，哪有整块的时间学英语呢？

　　移动时代一切皆有可能。小张从网上下载了一款*掌中英语*的移动应用。刚一打开应用，点击左上方的"全部"，就出现"初级""中级"和"高级"3 个选项，小张顿时感到这款应用的专业。他根据自己的英语水平选择了"中级"，

接着页面上就出现了所有符合他水平的英文资料。与大本的教材不同，*掌中英语*的内容是不断更新的，很多都是英美最新新闻，保证"鲜活"。既有 VOA、BBC 等英文播音，又有幽默一刻等英文笑话，还有最新的英文金曲和大片片段。读文字读累了，可以用耳朵听音频材料；耳朵听累了，还能看英文视频。小张是个爱技术的"极客"，马上在"资料库"中选择了著名的 TED 英文 IT 技术论坛和 Science Talk 栏目，随后该栏目便出现在"我的"栏目中，完成订阅。

　　*掌中英语*里的材料都不长，几分钟就能读完或看

完，所以小张利用每天等车、乘车、步行、睡前的点点滴滴时间就可以看到和听到各种有趣的英文内容。遇见不会的单词，小张只要用手指尖在单词上一点，屏幕下方就会出现中文翻译，在翻译上再点一下，还能显示该词的发音和例句，这可比当年在学校里抱着一本字典翻来翻去、知道意思不知道发音的传统学习模式

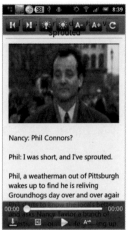

方便多了。同时，小张还能把生词放进*掌中英语*的生词本，留待以后复习。经过一段时间，小张不仅能自如地和外国同事打招呼，还能与他们讨论一些技术问题。如今，小张准备购买*掌中英语*的 VIP 服务，可以跟"虚拟老师"进行英文对话。他只是感慨，如果当初在学校学英语的时候能有这件"神器"，那该多好啊。

技巧发现

如何提升学习效率？*掌中英语*中的很多英文文字材料，只要用手指从右向左滑动，就会出现相应内容的中文翻译。如果一段音频、视频材料播得磕磕绊绊，可以选择先下载，再收听、收看的方式。

同类应用

每日必听英语

精学VOA英语合集

沪江英语

新东方英语900句

宝宝故事——听故事的宝宝最聪明

爱听故事是宝宝的天性，故事不仅能培养宝宝丰富的想象力，而且有助于培养孩子的语言表达能力，寓教于乐，所以啊，做一个合格的爸爸妈妈，要练就一套基本功，那就是——绘声绘色地给宝宝讲故事。你有没有被孩子缠着讲故事而感到捉襟见肘、黔驴技穷的时候呢？别急，**宝宝故事**帮你搞定。

宝宝故事为不同年龄段的宝宝设计了不同的儿歌和故事。优美的胎教音乐，让宝宝在妈妈肚子里就能够享受到悠扬的乐曲，对外部世界充满期待。**宝宝故事**为爬行宝宝准备了妈妈亲子教程、小宝益智教程、哭闹安抚教程等充满童趣的音乐，让宝宝快乐享受爬行的乐趣。宝宝会说话之后，就该着手开始培养孩子良好的生活习惯啦，**宝宝故事**为说话宝宝设计了"小宝宝爱吃饭""小宝宝好习惯""小宝宝有礼貌"和"小宝宝要睡觉"等，让宝宝在故事中培养起良好的生活习惯。宝宝懂事后，还有"宝宝爱思考""宝宝讲卫生"和"宝宝智慧树"等不同种类的故事，让宝宝沉浸在故事的世界里，享受故事的美好。

宝宝故事是一个大宝库，里面藏着各种各样的故事。有《渔夫和金鱼的

故事》《阿里巴巴和四十大盗》等寓言故事，《十二生肖》《傻女婿拜年》等民间故事，还有成语故事、童话故事、名人故事、历史故事、文学小说故事等等，让宝宝大饱耳福。除了故事之外，还有儿童歌曲、钢琴曲、宝宝学外语、唐诗朗读和宋词朗读等。

分角色讲故事是**宝宝故事**的一大特色，稚嫩的童音、各具特点的动物声音、年迈的老人……不同的角色语言用不同的声音来表现，形象生动。另外还有背景音乐及各种音效哟，根据不同类型的故事及故事

背景，配有不同风格的曲子，有悠扬欢快的古典乐曲，富有现代气息的动感音乐；根据不同的场景，还会有风声、雨声、鸟鸣声等自然音响。这些背景音乐和音效，配合引人入胜的故事，将宝宝带入一个快乐的有声世界。

您还可以根据宝宝的喜好，将宝宝喜欢的故事和音乐收藏下来，让宝宝反复收听喜欢的故事。**宝宝故事**还有离线播放功能，边播放边保存，下次播放时自动从本地播放。

技巧发现

可以听的宝宝故事有多少种？ 宝宝故事包含儿歌、儿童睡前故事、儿童歌曲大全、胎教音乐、寓言故事、民间故事、唐诗、成语故事、三十六计、小学一二三四年级课文朗读、中国历史故事、童话连载系列故事和历史名人故事等，共计十几种故事大全。

收听不顺畅怎么办？ 点击设置，选择故事服务器，如果是用户较多的高峰期，可以选择北方网通或者南方电信服务器。

同类应用

宝宝故事会

宝贝听听

妈妈讲故事

儿童睡前故事

宝贝听听——幼教启蒙有声读物

宝宝总是缠着你讲故事，可是你又没时间讲给宝宝听。宝宝有没有对你三番五次总讲相同的故事不耐烦，而你又苦于没有新故事讲给宝宝听？还是让宝贝听听来给你解围吧。宝贝听听存储了3000多个精彩故事，而且不断更新首发新故事，是爸爸妈妈取之不尽、用之不竭的故事宝藏！那就让我们默念芝麻开门，打开宝藏去看看里面都有什么奇珍异宝吧！

打开宝贝听听，首先映入眼帘的是5个各不相同的门。第一个门上写着"儿童故事电台"，里面有摩羯宝宝、中国好故事、宝贝猜谜语、射手宝宝、健康生活、名人励志、习惯培养和十万个为什么等15个不同的频道，点击进去，就可以收听精彩纷呈的故事啦。你还可以给宝宝定时，规定好每次听故事的时长。第二扇门上写着"新故事首发"，轻轻推开门，哇，是假话国历险记耶，让宝宝与小茉莉一起历险"假话国"，去体验真实与善良的可贵吧。第三扇门里面是热门故事，推开进去，宝贝听听已经把周热点排行展现在你的

眼前啦，看看哪些故事是最受小朋友们欢迎的，不用费心去给宝宝精选故事啦。咦？第四扇门里面是什么呢？原来是精选故事合集，里面有李白唐诗、儿童快乐童谣、格林童话、爱丽丝漫游仙境等等。第五扇门里面的宝贝是专门为爸爸妈妈准备的"父母必备软件"。快去体验一

下每一样宝物吧!

为了便于选择适合宝宝的故事,**宝贝听听**还把故事进行了分类。按照不同的年龄段,分为 0 ~ 3 岁、4 ~ 6 岁、7 岁以上宝宝故事,点击进去,别有洞天哟,多大的宝宝都能找到好听的故事和童谣。另外,还根据内容有不同的故事,像经典童话寓言、现代童话故事、国学经典、科普益智、历史名人和童谣诗歌。安徒生童话、格林童话、一千零一夜、伊索寓言、五谷之神、仓颉造字、伏羲兄妹、八仙过海、后羿射日……让宝宝聆听古今中外经典故事,不仅能够感受到精彩故事带来的美好享受,而且让宝宝从小浸润于具有深厚蕴涵的中外文化中,对培养宝宝的想象力不无裨益。

除了在线收听之外,还可以把喜欢的故事下载下来,保存为本地故事,在没有网络的环境下也可以随时收听。还犹豫什么? 赶快下载**宝贝听听**,带宝宝体验精彩的故事之旅吧!

技巧发现 🔍

宝贝听听如何贴心? 宝贝听听有三种播放模式:单首播放、连续播放、单首循环,想怎么听就怎么听。支持后台播放,更加贴心,而且音质好,由专业播音员录制,音质清晰流畅,发音标准。

同类应用 🔍

妈妈讲故事

儿童故事

宝宝故事

宝贝全计划——完整记录宝宝成长点滴

　　微博上有一组父女在 30 年间的 30 张合影让无数人为之感动，爱的传递与生命交替在逝水时光中那样真切而安静地呈现。如果能将宝贝的第一声啼哭、第一次微笑、第一次握住你的手指、第一次叫爸爸妈妈的瞬间都能一一记录，对于父母与子女来说该是多么宝贵的礼物啊。这一切，**宝贝全计划**都能为你实现，同时还能提供传授、分享"育儿经"的贴身、贴心服务，让抚育宝贝的过程更加温馨美好。

　　从"宝宝需要补充益生菌吗"到"7 步骤培养宝宝的观察能力"，在这里你可以找到各种实用的话题。宝爸宝妈们还可以一起晒晒自家的或者围观邻家的"帅哥""美女"，并看看谁和你品味相同。然后去"广场"逛逛——或许更适合叫作"书屋"——翻翻电子书，给自己的宝宝搜寻各种吃喝玩乐信息，以后还会推出有声读物呢。这里还有详尽的食谱，让年轻的爸爸妈妈们可以每天变着花样给宝宝做营养美食。这给长辈们一个大大的惊喜，谁说我不能干！

　　光阴如梭，给宝宝记录成长点滴，几乎是每个宝爸宝妈乐此不疲的事情。那泛黄的日记本已然成为历史，在这里你可以为宝宝制作一本图文并茂的电子日记哦。用手机拍下宝宝的各种"萌"吧，宝宝笑了？那就快录个小视频！写写宝宝今天都做了什么逗趣的事情呢？宝宝今天又长高长胖了一些吗？生病了没有呢？这样的日记本，你会不会忍不住时时翻看？你会不会迫不及待地想和闺蜜分享？宝宝长大以后，再回首，这是一段多么弥足珍贵的回忆啊。

初为人父母，生活有了变化，有欢乐也有烦恼。在这里，你可以和其他家长们聊个够，分享经验，倾诉困惑。不仅可以聊宝宝，宝宝上幼儿园了，宝宝会涂鸦了……还可以交流有了宝宝后夫妻、婆媳等关系的变化和问题，"潮妈"们更可以探讨，如何在做了妈妈以后，依然时尚健康。

技巧发现

如何能让宝贝全计划更适合自己的个性化需要？ 成为注册用户吧，并在设置一栏中填写你和宝宝的信息，如出生年月日、性别等，此后宝贝全计划就会"量身定制"地推送相关信息，并在页面中根据出生日期，显示当日是宝宝出世后的第几天，让你充满成就感。

换了手机还能看到原来的记录吗？ 没问题！这是一款移动应用，并且宝贝日记采用的是云存储，内容都安全储存在云端服务器上。所以只要在新手机上下载客户端，登录后，就可以继续使用了。

同类应用

微宝贝

辣妈育儿

牛贝贝

掌上育儿

第五篇
Di-Wu Pian

娱乐休闲随我意

第一章　想唱就唱多尽兴

唱吧——你的手机KTV

想要唱K可朋友都没空？KTV太贵、排队等太久？不要紧，*唱吧*可以满足你想要唱歌的全部念头，随时、随地，只要你够胆，随时随地来一首也不是不可以。

"小清新"的界面，傻瓜式的简单操作，足不出户也能"想唱就唱"，*唱吧*轻易俘获了众多宅男宅女的心。

搜索歌曲伴奏，点击开始，对准话筒一展歌喉，唱歌同时自动录制。录制结束后即可上传。简单几步，即完成歌曲演唱和录制，耗费的只是你的体力和手机流量。录制界面还会显示K歌分数，可以与其他歌友PK。如果唱累了，想退出登录，只需要连续按两次返回键即可。对自己音色不够自信的网友，还可以使用*唱吧*内置的混响和回声效果，把自己的声音进行修饰美化。还有，在修图工具已经铺天盖地之后，声音类"美图秀秀"工具也来凑热闹了。

为了让你有更身临其境的体验，*唱吧*的点歌系统尽最大可能还原了真实的

KTV包厢环境。应用中提供了伴奏对应的歌词，K歌时可以同步显示，并能够像KTV一样精确到每个字。你可以跟在KTV时一样，随意选择分类点歌、拼音点歌和明星点歌等几种不同方式来进行点歌，还可以用搜索功能查询歌曲，另外点歌台首页还推荐了热门歌曲和本地歌曲可供选择。

有的人唱歌是为了取悦自己，更多的人唱歌是为了得到别人的掌声。*唱吧*当然想到了这些。你可以上传录音到*唱吧*并同步分享至微博或 QQ 空间，供人围观，也可以用微信发送作品给好友，或者干脆建立个人主页并上传作品，像个真正的歌手一样好好经营自己的歌唱事业。

*唱吧*不仅可以唱，也可以听。通过点击北京榜，全国榜，新星榜三个导览模块，可以查看本周最佳新人、本周最火作品、最火作品总榜、最火歌手总榜等各个排行榜信息。你会发现*唱吧*吸引了不少明星、专业歌手、酒吧歌手入驻，从中体现出这款应用的非凡魅力，当然也会有令人惊艳的超级黑马杀出，一夜成为草根明星。

*唱吧*不仅可以实现男女对唱、多人合唱，还可以发起唱歌比赛，不上电视，照样可以组织一场"中国好声音"。当你听一首歌友的歌曲时，你可以在听歌界面以送花、评论、分享等多种方式与歌友互动，喜欢的人和送花的人越多就能越快登上首页达人榜。

技巧发现

　　如何让别人听我的歌时出现多张照片轮播的效果？ 用上传头像的方法，多上传几张头像即可出现自动轮播的效果了，每个人最多可以上传36张头像。

　　怎样录音效果更好？ 戴耳机录的效果肯定会好一些，音质比较干净，不过不要直接对着麦唱，把耳机上的麦背过去再录。

同类应用

 K 客　　K 到爆欢唱版　　 K歌达人　　 口袋KTV

第一章　想唱就唱多尽兴

K歌达人——是"达人"也是"麦霸"

你是不是还在为招朋呼伴而煞费苦心？为别人说你是"麦霸"而担心？为排队等位而焦心？身为 K 歌达人，我们需要的只是随兴而至尽情地唱歌。*K 歌达人*成为你一个人的专属舞台，从此可以不用再担心唱歌的问题了！

*K 歌达人*绯红色调的页面颜色营造了一种 KTV 包厢的感觉，置身其中，犹如身临其境。在"达人广场"，你可以快速查看当前最红的歌唱达人，在"TOP榜"，可以选择随便听听最火的达人歌曲。"达人推荐"推出了每日之星、实力唱将和新秀，你可以加他人关注。如果你喜欢他的歌，可以给个好评，没准你们以后可以成为亲密的 K 友。

除了自在听歌，我们还可以自由点歌，因为再也没有人跟你抢麦了。点击"歌曲分类"，你可以按照歌手性别、组合、入门、索引分门别类地查找歌曲，如同在 KTV 包厢中的点歌系统一样。此外，你还可以直接输入歌曲名或歌手名字进行点歌。搜索完毕，选中歌曲，弹出页面，就可以选择下载伴奏了。

达人们最幸福的事情莫过于"忘我"的歌唱了，而且没有唱歌跑调的压力，

可以尽情一展歌喉。点歌下载伴奏之后，你可以进行录唱。如果还想多几分自信，你可以通过导唱功能来预先学唱你喜欢的歌曲。在录唱界面，伴随动态的歌词滚动和五线谱，以及精彩的专辑封面，还有智能提取动态音轨功能来美化你的声音，使你的歌唱不再单调，更加娴熟。

如果你有很多的 K 友想与你一起合唱，那么试试"合唱"功能吧。你可以发起或者接受别人的合唱邀请，不过需要合唱者分别单独完成各自部分，然后上传合成。

歌唱完毕，先进的智能 K 歌评分功能，会给你这位名副其实的"达人"盖上印章。评分包括即时评分（每

句演唱分数）和累积评分（截
止到该句的累计平均分），所以
每唱一句都要准确才能得高分，
如果戴上耳机演唱，更容易创
造高分。唱完之后，你可以选
择重新K歌、美音合成和保存
录音等功能完成整个录音部分。

当你演唱完并保存歌曲录
音的时候，在"我的下载"功
能里会保存这首歌的伴奏，你
可以直接点击进行K歌或者导唱。如果你是"达人"，当然不要放过这难得的
"显摆"的机会，你可以上传录音到K歌达人"我的录音"板块里，来选择同
步分享至你的新浪微博、人人网、腾讯空间和网易微博。

技巧发现

　　如何给歌曲评分和评论？ 点选一首歌曲，进入听歌界面，在屏幕的右上
方显示该首歌的评分星级，点击一下，可以按星级评分，点击"我来写评论"
可以进行评论。

　　如何进行截图分享？ 在软件界面的右上角始终显示一个照相机按钮，点
击它可以自动截取当前屏幕的图片，然后分享至新浪微博、人人网、腾讯空间
和网易微博等等。

同类应用

唱吧　　　　KK唱响　　　K到爆欢唱版　　K客

第二章　游戏世界我做主

愤怒的小鸟——教训偷走鸟蛋的绿皮猪

　　2011 年 1 月，一款"拉动弹弓，弹出小鸟，砸绿色猪头"的游戏开始风靡全球，而且相关主题的毛绒玩具也深受喜爱。这款**愤怒的小鸟**游戏画面卡通可爱，故事情节设计得相当有趣，为了报复偷走鸟蛋的肥猪们，鸟儿们以自己的身体为武器，像炮弹一样去攻击肥猪们的堡垒。游戏时，愤怒的红色小鸟奋不顾身地往绿色肥猪的堡垒砸去，其玉石俱焚的勇气着实令人赞叹，而游戏的配乐则充满了欢乐的感觉，节奏欢快，风格轻松幽默。

　　愤怒的小鸟分为普通版和特别版，其中特别版以季节版为主，有情人节、万圣节和圣诞节多种版本，还包括里约版、太空版、星球大战版。这么畅销的游戏当然少不了中文版，例如你可以玩到富有中国元素的中秋版。

　　游戏的玩法很简单，将弹弓上的小鸟弹出去，目的是要砸到绿色的猪头，而将猪头全部砸中便可过关，当然如果要"高质量"过关，则需要用最少的鸟砸中所有的猪才行，而猪则会被包围在碎砖瓦或者木塔玻璃架当中，要成功还是很有挑战性的。游戏过程中，小鸟弹出角度和力度由你的手指来控制，这可能需要你好好学习抛物线知识了，而在太空版中，有趣的失重设计，会让你更加摸不着头脑。游戏中被弹出的鸟儿会留下弹射轨迹，可以供你调整下一次弹射角度。

各种颜色的"鸟"和"猪"不同，其
中大有玄机，小鸟颜色和体型的不同代表
了攻击力的强弱，分为红色、蓝色、白色
和橙色等多种；而猪也分为普通猪、老爷
猪、钢盔猪和国王猪等多种，拥有不同的
防御力，需要你根据实际情况调整力度。

你可以根据个人偏好对游戏进行个性
化设置、查看自己的排行榜、登录游戏在线道具购买中心，点击界面右下角还
可以分享游戏战绩。整个游戏过程不能跳关，你需要从第一个大关的第一个小
关开始不断摸索，提高得分和星级，才能熟能生巧，完美通关。

在玩游戏的过程中，你偶尔会发现金色的鸟蛋或者宝箱，记得要用小鸟撞
击它，你就可以获得一个奖励关卡。

拉完弹弓，发现小鸟不够用怎么办？你可以点击左上角的闪电键选择可使
用的绝招功能，继续对绿色小猪进行愤怒攻击。绝招的数量有限，但可以通过
闯关得积分来获取，同时也可以通过网上购买。

技巧发现

　　屏幕较小比较难玩，怎么办？ 在玩游戏的过程中，你可以先选择观看全屏，
看看整个关卡的状况，确定小鸟抛物线，然后将屏幕进行局部放大，再射击小鸟。

　　金蛋和宝箱可以直接购买吗？ 金蛋和宝箱是通过游戏闯关获得的奖励，
而且还需要你在游戏时，用小鸟击中金蛋和宝箱才能获得奖励，这是一种技巧
性积分奖励，不可以购买。

同类应用

鳄鱼小顽皮爱洗澡　　植物大战僵尸　　捕鱼达人　　水果忍者

水果忍者——紧张爽快切水果

西瓜，椰子，草莓，蓝莓，香蕉，苹果……当各种可口水果在你手机屏幕中飞舞时，虽不能吃，却可以畅快淋漓地大砍一番，来解心头之"痒"了。整个切水果的过程有趣而又紧张刺激，一刀下去，水果汁液飞溅，伴随着斩开水果的声音和清脆的鸟叫声。

虽然只有简单的一个"切"字，但整个**水果忍者**游戏却不能让你有丝毫的疏忽大意。你需要在水果掉落前迅速用手指划过，将它们全部切开！而且，不时蹦出的炸弹，也非常令人头痛，一不小心切到，就会减分或者直接结束游戏。"禅境模式"没有炸弹，但是要在规定的时间——90秒钟内尽可能地多切水果，相对来说是最简单的游戏模式。"街机模式"时间限定为1分钟，虽然游戏中也有炸弹，但是切中炸弹不会直接输掉，而是倒扣10分。

水果忍者共有4种不同的游戏模式可供选择：1种双人游戏和3种单人游戏（"经典模式""禅境模式"和"街机模式"）。"经典模式"没有时间限制，但水果和炸弹同时出现，玩起来要非常小心才行，而且不能连续漏切3个水果。积分每到100分可以抵消一个漏切的水果。

游戏中不同颜色的鲜艳水果不仅做得逼真，而且大有玄机。水果根据种类不同，大小不同，分数也不同。还有一些特效水果，如切到"冰冻香蕉"，会减慢水果移动速度，切到"狂热"香蕉，短时间会在屏幕两侧出现大量水果且没有炸弹，切到"双倍"香蕉，接下来切到的水果会给予双倍分数。

切水果的背景和刀具也可以千变万化，你可以通过"个性化设置"，选择不同的背景图案、手指切割水果的痕迹以及游戏配音模式等。在连接网络的情况下，也可以在水果商店购买各种精美的背景图片和痕迹方案。在切水果的过程中，你可以打横，打竖，打弧，"Z"形等等，手指在屏幕上怎样比划，就有怎样的剑影。刀光一旦出现，同时伴随着挥刀的声音。

你还可以进入游戏的玩家社区与其他玩家交流，并且可以获得社区的各种奖品。还可以分享自己的游戏战绩到 Facebook 和 Twitter，也可以查看游戏制作公司的相关资料。

技巧发现

街机模式中怎样才能在游戏结束加分时拿到满分50？游戏时，一定要连切或一刀切4个以上的水果。特别是在黄色香蕉出现时，要根据出来的水果的排列，选择横向或者纵向切割，不要漏切水果。

街机模式游戏结束时出现的大石榴应该怎么切才能尽可能多地拿分？一般切水果时，玩家都喜欢把轨迹切得比较长，而街机游戏结束时出现的大石榴，应该把切的轨迹变短，尽可能快地来回切割，就可以获得较多的分数。

同类应用

植物大战僵尸　　愤怒的小鸟　　捕鱼达人　　鳄鱼小顽皮爱洗澡

植物大战僵尸——不让僵尸进入你的房子

电影中可怕的僵尸镜头是不是令人害怕，又令人讨厌？那么现在拿起手机，打开**植物大战僵尸**这款游戏，利用你手中的植物武器把僵尸们痛扁一番吧。游戏讲述的是一群"可怕"的僵尸正在踏过你家的草坪，侵入你的房子把你吃掉，而你当然不可能让他们得逞。你可以通过栽种几十种植物，利用豌豆射手、樱桃炸弹、食人花等武器把僵尸阻挡在入侵的道路上。

游戏有五种不同的游戏模式：冒险，迷你，益智，生存，花园。多达 50 个的冒险模式关卡设定，从白天到夜晚，从房顶到游泳池，加之夕阳、浓雾，场景变化多样。游戏中可以选用的植物有 40 多种，而每个场景你最多只能选用 10 种植物，因此合理布置自己的游戏策略十分重要。

点击"冒险模式"开始游戏，你可以阅读下方的"僵尸图鉴"有针对性地选择植物，白天的"向日葵"，晚上的"阳光菇"，池塘中的"睡莲"是必不可缺少的。僵尸会一批一批地出现，过程紧凑刺激，你不仅要按时收集阳光和金币来获取种植植物的积分资源，还需要快速地在僵尸行进的各条道路上栽满植物武器。

"可怕"的僵尸反而被设计得十分有趣，总共有 30 多种，有端着报纸的"读报僵尸"，戴着水桶的"铁桶僵尸"，还有会撑竿跳的"撑竿僵尸"，以及"橄榄球僵尸""舞王僵尸""潜水僵尸""矿工僵尸""气球僵尸"和"跳跳僵尸"等。不同类型的僵尸，需要栽种特定的植物来应对，例如类似于大石头的

"坚果"可以阻挡僵尸行动，"寒冰射手"可以减缓僵尸移动速度 10 秒，"大嘴花"可以一次吞下整个僵尸，"土豆地雷"可以提前埋到僵尸行进的路上，"樱桃炸弹"关键时刻用可以进行范围轰炸。

只要收集到足够的金币，你就会获得

打开禅境花园的钥匙。在禅境花园可以自己栽培植物。定期浇水、打虫、施肥和播放音乐，植物就会生产出很多金币，供你购买各类游戏道具。为了方便，你还可以在商店购买一个蜗牛来帮你收集金币，不过要记得定期给蜗牛喂食巧克力。

在游戏主菜单中点击僵尸图像，即可进入自己的成就榜。成就榜由不同的成就小标识构成，如果获得了某项成就，标识的颜色就会从灰暗变为鲜艳。

需要注意的是，在联网状态下可以登录特殊道具商店，在这个商店选购是要付费的，例如一个钻石矿产需要 25 元人民币。

技巧发现

怎样从禅境花园的植物中收集到更多的金币？给植物浇水、打虫、听音乐后，会看到植物不断地吐出金币，这时可以给蜗牛喂食巧克力（巧克力不能在疯狂戴夫商店购买，需要在游戏闯关中收集），让它帮你收集金币；在你退出游戏后，蜗牛仍可以帮你收集植物吐出的金币，直到它睡着了。

如何可以看到穿清朝官袍的中国僵尸？在游戏主菜单中点击查看成就，进入之后，不断地往下划动屏幕，沿着地下一直挖掘，到最底层就可以看到穿着紫色官袍的中国僵尸。

同类应用

鳄鱼小顽皮爱洗澡

愤怒的小鸟

捕鱼达人

水果忍者

鳄鱼小顽皮爱洗澡——你好，小顽皮！

一只想要洗个热水澡、有点呆、有点萌的小鳄鱼复制了愤怒的小鸟的奇迹。作为一款相对传统的趣味益智游戏，与愤怒的小鸟、植物大战僵尸等益智类游戏一样，**鳄鱼小顽皮爱洗澡**沿用积分通关的主流设计思路。游戏的主角是住在城市下面的鳄鱼小顽皮（Swampy），它在游戏中只想要如愿以偿的洗个澡。鳄鱼大顽固（Cranky）作为游戏中的恶势力，因不满小顽皮的怪癖，与其他鳄鱼密谋破坏小顽皮的水源供应。玩家需要帮助小顽皮避开毒水、水藻和各种各样的陷阱，把清水引到他的浴缸并尽量获得鸭子。

游戏中的小顽皮渴望变成人类。它善良、执着、有梦想。这也是这款游戏真正的过人之处：延续了迪士尼一贯的传统——每一款产品背后都有着创新和有趣的故事。在网上简单搜索一下**鳄鱼小顽皮爱洗澡**，可以看到网友们正在热火朝天地分享这款游戏的通关攻略。玩家们被一只卖萌的小鳄鱼激起了保护欲，绞尽脑汁只想让它洗上一个舒舒服服的热水澡。他们期待看到有水洗澡的小顽皮惬意地吹起口哨。

鳄鱼小顽皮爱洗澡共有五大类型的挑战方式，每个类型都包含 100 多个关卡。第一次玩的朋友是不能随便选择关卡的，一般先要通过完成一个关卡才能解锁下一个。在每一个大主题的游戏挑战关卡里，都有 6 个收藏品随机埋在泥土里。在挖开泥土引水给小鳄鱼的同时要注意收集这些收藏品。只要收集齐 6 个收藏品，就可以玩奖励关卡。

只要愿意，玩家还可以将这款游戏的 App 作为礼物赠送给家人和好友。游戏界面有礼物的选项，在联网的状态下点击"礼物"，输入朋友和家人的苹果或者安卓账号，即可赠送礼物。

现在，"小顽皮"已推出手机壳、CD包、鼠标垫和公仔等多种周边产品供网友选择。更有消息称，"小顽皮"要上电视了！据媒体报道，作为发行方的迪士尼公司曾经表示过打算将游戏改编成动画。2012年9月，迪斯

尼曾放出一段宣传视频，视频显示动画的正式名称为 *Where's My Water: Swampy's Underground Adventures*。届时观众可以在 Disney.com 和 Youtube 的 Disney 频道上看到这只熟悉的小鳄鱼。凭借移动应用的衍生价值，"小顽皮"有望名利双收。

技巧发现

在游戏中不小心将清水和污水混合了怎么办？ 如果水龙头不断地流出清水，先要将污水引流到其他地方，排干净后再接通连接鳄鱼小顽皮的浴缸水龙头。倘若没有这样做的话，就只能重新开始游戏了。

怎样获得收藏品？ 在开始玩各个关卡之前，留意游戏左上角的图标。如果显示的图标除了鸭子之外还有一个问号，即表示这个关卡里有收藏品，在玩的时候要记得挖掘。

同类应用

植物大战僵尸　　愤怒的小鸟　　捕鱼达人　　水果忍者

会说话的汤姆猫——大家都来挠挠它

汤姆是只猫，就像动画片《猫和老鼠》里的汤姆一样，有点懒、有点傻，让你忍俊不禁。

汤姆是只猫，它会学你说话，但是"猫"声"猫"气，令人捧腹。

这就是一个有趣的应用，叫**会说话的汤姆猫**。你可以抚摸汤姆，它会发出满足的咕噜声。你可以摸摸它的脸，戳戳它的头，挠挠它的肚子，或是扯扯它的尾巴。汤姆会有各种有趣的反应，有时候还会不乐意呢。不过，你要是倒一杯牛奶给它，它倒是会很开心地喝下去。你对它说话，它会洗耳恭听，并滑稽地"学舌"。这一切，你都可以分享给朋友们。

现在，*会说话的汤姆猫*有续集啦。成名了的汤姆，搬出了小巷，住进了漂亮的小别墅。它有了一个老欺负它的邻居——本。本是一只调皮的狗，会在窗外偷看汤姆是不是在家，然后悄悄走到汤姆身后，吹涨一个纸袋，"啪"的一声吓得汤姆跳上天花板。不过有时候，汤姆会提前识破本的小诡计，并很淡定

地给本那么一击，颇有大侠风范。不甘心的本会偷跑到汤姆身后放个屁，或者拿个鸭绒枕头给汤姆一下子。汤姆只好无奈地捂住鼻子。汤姆还会变魔术，从身后抽出一些你意想不到的小玩意儿。最后，你还可以和汤姆打一架。

你不仅可以逗汤姆玩，和它说话，还可以给它买身装备，或是帮它装点一下屋子。穿着唐装、戴着朋克耳环和美瞳隐形眼镜的汤姆，再佩上牛仔皮带，真是太逗了。圣诞节，再让圣诞老人拜访它一下吧。

汤姆还有很多会说话的朋友，还为你推荐有趣的游戏和"晚安故事"。

 第二章 游戏世界我做主

技巧发现 🔍

揍汤姆的情景太暴力，不适合小朋友，怎么办？在设置里，可以关闭"暴力"以及选择儿童模式。

为汤姆购买装备需要金币，如何获取？在手机设置中心的通知栏中，打开会说话的汤姆猫的所有设置，然后对汤姆说话，就可以获取金币。或者，你也可以购买金币。

同类应用 🔍

会说话的金杰　　　会说话的安吉拉　　　会说话的狗狗本　　　会说话的鹦鹉皮埃尔

割绳子——开动脑筋吃糖果

闪闪发亮的糖果、玲珑剔透的泡泡，甜蜜可爱的画面，还有专属隐藏关卡……这是当前火热的益智游戏**割绳子**。游戏中你需要通过剪断绳索，让绑着的糖果掉入"怪兽"嘴里。所谓"怪兽"其实就是一只超萌的"青蛙王子"。整个游戏的难度就在于必须计划好让糖果掉落的过程中吃到各种星星。

说益智，是因为它是基于物理原理而设计的，在动手割断绳子之前的思考很具有挑战性，你需要找到窍门才能轻松完成。如果考虑不周全，盲目下手割断绳子，那么你就要重新来过了。你需要思考：选择割断哪一根绳子，而且还要考虑拴着糖果的绳子摆动到哪个位置时快速割断绳子，让糖果正好落到青蛙嘴里。当然如果你的物理学得好，重力、摆力和抛物线知识了然于胸，那么成功不在话下。

游戏是随着关卡往前推进，难度不断增加的，然而整个游戏最难的地方，

也最开发智力的地方是，要让糖果把全场的 3 个星星都能吃到。在整个过程中，你可能要狂点喷气装置、戳破气泡、割断拉紧绳、旋转转轮和反转重力等操作让糖果掉入青蛙嘴中，而且过程中还有"钉子""蜘蛛"不断对糖果造成威胁，尤其是讨厌的"蜘蛛"非常喜欢吃糖果。当绳索把蜘蛛和糖果连起来的时候，蜘蛛便会爬向糖果。你必须在它得手前将绳索切断，否则糖果就被蜘蛛抢走了。你可以吃一个或者两个星星过关，但是开启后面关卡的速度就会稍慢（按照吃到星星的总数开启下一关）。此外，有一些星星是有时间限制的，当周围黄色光圈走完之后星星便会

消失，必须要眼疾手快才能获得。

全游戏共分 13 个大关卡，每大关分为 25 个小关，每小关可收集 3 颗黄星，共可收集 925 颗黄星。大关卡的设置别具匠心，从纸板盒到蒸汽盒难度不断增加，读取画面，是用裁纸刀将箱子由下往上划开来表示读取进度。

除了最基本的绳子和糖，还有其他的很多有趣的道具，如果碰上"糖果杀手"钉子，糖果就会碎；碰到会上升的"泡泡"，糖果就能乘风飞舞；割断拉紧的绳子，就会产生一大股力向反方向反弹；点击喷气气球，吹出泡泡来增大糖果的摇摆幅度。还有很多高科技道具，等待大家在游戏中去挖掘。

技巧发现

如何更准确地让糖果碰到星星后落入青蛙嘴中？*割绳子*支持多点触控，而且关卡中有的需要同时割断数根绳子才能让糖果碰到星星，准确地落到青蛙嘴中。

同类应用

鳄鱼小顽皮爱洗澡　　鸭嘴兽泰瑞在哪里　　水果鳄鱼　　砸酒瓶

儿童拖拖乐——宝宝早教，赢在起跑线

可爱的宝宝从呱呱坠地开始，快乐成长便成为父母最大的心愿。"不能输在起跑线上"，也是每一位父母心中急切的期望。从宝宝会叫爸爸妈妈的一刻开始，父母们便开始了早教之旅。作为父母的你，当然不能落后。我们不一定要去收费昂贵的早教中心，只要拿起手中的智能手机，也可以成为宝宝最好的启蒙"老师"。

宝宝对图形和听觉都是十分敏感的。*儿童拖拖乐*这款面向 10 岁以下儿童的早教游戏，从视觉和听觉认知两个重心出发，来促进宝宝对颜色、形状和数字的认知，提升宝宝看图识物、颜色辨认和形状辨认的能力，启发宝宝的想象力和创造力。

年龄 1～5 岁的宝宝，可以在父母的指导下完成"拖拖乐""动物农场""生肖擦擦画"和"双语挂图"等以视觉要素为主的游戏，针对颜色、形状、动物、英文和绘画分别有不同的智力闯关游戏设计，难度逐关增加。如"拖拖乐"，

在第一关，宝宝要拖动画面中的"红桃"或者"梅花"与另外的相同图像重合，随着关数推进，难度不断加大，如不同球类对应的玩法，不同动物吃的食物，不同天气下对应的工具，需要发掘宝宝的智力来判断，如果宝宝成功了，不要忘记给他一个大大的奖励。

"动物农场"中，宝宝只要点一下草地上各种超萌可爱

的动物，就会听见他们真切的叫声，小猫会"喵喵"叫，小狗会"汪汪"叫，宝宝肯定一下就被逗得乐开花，在开开心心中学习知识。"双语挂图"中，图中的"菠菜"，会给出中文"bocai"和英语"是 spinach"的准确发音，需要宝宝

有更高领悟力才行，如果英文字母掌握不熟练，可以通过"字母听听"加强听说练习。

年龄 5 ~ 10 岁的宝宝，可以完成数字、笔画、加减乘除、看图拼字等提升级别的练习。"记忆小黑板"中，宝宝需要在 5 秒内记住出现过的 5 个数字，然后在给出的数字中进行正确的选择。"数笔画"是考察宝宝对汉字结构的掌握程度。"加减乘除"会让宝宝的九九口诀更加熟练。"看图识字"则是对宝宝初级英文的考察，如画面中出现一只小狗，宝宝需要把三个字母 D、O、G 准确地拖动至方框中才能完成任务。另外，画板功能可以让宝宝随便进行涂鸦，并进行保存。

"微博新鲜事""亲子论坛"是很多父母们进行育儿教育的好去处，可以自由分享经验，交流心得。"宝贝街"中可以为宝宝淘到漂亮的衣服。

技巧发现

如何修改涂鸦颜色？ 点击画板图标进行涂鸦，在菜单栏中选择"笔刷"，可以进行笔刷颜色、大小、模糊风格和半径的调整。

同类应用

儿童拼图

婴儿游戏

动物ABC

第三章 分享交流多乐趣

 ## 小恩爱——完美记录爱的私房话

婚前的恋爱值得铭记，婚后的生活需要保鲜，何处安放我们那些情意绵绵的私房话？在移动互联网时代，不妨试试**小恩爱**，将爱情的点点滴滴收藏汇聚，为你们全程记录美丽的爱之旅。

如果你第一次使用**小恩爱**，还需要和自己的另一半完成配对。如果两人在一起并且都使用 iPhone，只需同时摇一摇就能配对。

小恩爱的主界面以粉色调为主，这里是只属于两个人的私密空间，用手指上下滑动就可以查看所有二人世界的聊天记录。如果在登录时你设置了两人感情建立的日期，**小恩爱**就会每日告诉你们相爱的天数，见证爱情的成长。

也许两个人在一起后，少了以前的花前月下、海誓山盟，更多的可能是平凡琐碎的日常生活，那么我就需要**小恩爱**来营造一下小浪漫。**小恩爱**把情侣间的对话称作"碎碎念"，让两个相爱的人可以随时用对话的形式，给对方"抛个媚眼"、打情骂俏，或是一诉衷肠。在文字输入功能外，该应用提供了许多充满爱意的表情插图，让日常的想念更有情趣。

如果你们在异地，可以用手机随时拍张笑脸发送给想念你的人。如果你们整天黏在一起，可以记录一起游玩、吃美食的美好时光。

"场景切换"是**小恩爱**最有实用特色的功能啦。点击首页左下方的小手图标，你就可以随意进行情景选择。大情景分为暂离、约会和相处，还有各种小情景，比如约会时，对方是出发了、堵车了还是等待了；相处时，吃什么、干什么、吵架了，等等，只需一点，你们的感情历史就会被忠实地记录下来。

如果吵架了，对方生气不理你了怎么办？**小恩爱**还是一名情侣间的调解员，如果对方选择生气的状态，它就会提醒他"你的寿命正在缩短，专家建议生气不该超过 3 分钟"。

当然恩爱有时还是要向外炫耀一下的。点击首页右上角的小喇叭图标，就可以将想对外公开的内容发布在微博上，让更多的人分享你们爱的甜蜜。

第三章　分享交流多乐趣

技巧发现

如何使用"情有独钟"功能？小恩爱有情侣闹钟呼叫的功能，当一方的情景设置为"我睡了"后，另一方的**小恩爱**首页中就会出现一个黄色闹钟。只要在对方该起床的时候，点一下黄色闹钟，便会给对方发去一个温馨的"起床号"。

如何能避免别人看到自己手机上小恩爱里面的内容呢？在设置中选择"锁屏密码"，**小恩爱**就会定时锁屏，不知道密码的人无法开锁，自然也就看不到了。

同类应用

欢乐夫妻

婚姻 爱情

二人世界

3D头像制作——让你的形象闪亮起来

在网络世界中，有些人面容姣好，喜欢把自己的照片作为头像使用，但更多的人则更希望能够有人帮助设计一个符合自己风格的虚拟形象，让自己在网上交朋友更加自如和自信。*3D 头像制作*这款应用就为你提供了一种更加"文艺范儿"的解决路径，帮助你在手机上创造出一个可爱的卡通"自我"作为头像，而且我们可以用制作好的 3D 形象与朋友在社交网络上分享表情和心情，还可以让自己与朋友的 3D 卡通形象在一起享受现实生活中难得的相聚。

制作一个让你满意的 3D 头像，当然处处都要精益求精。从外观到动画表情，都可以进行精细化设计。首次使用时，屏幕右侧会显示一个预制的 3D 卡通形象，当你完成设计后，这里出现的就是你自己的 3D 形象了。

你完全可以根据自己的喜好和特征来设计 3D 动画形象。在"从这里开始"一栏中可以选择性别和肤色，改变 3D 人物角色的名字，此后可以编辑它的头发、眼睛，甚至给他戴上口罩和帽子，穿上设计独特的衬衫、裤子、鞋袜，佩

戴漂亮的手表、珠宝或手镯，然后，一个独一无二、风采靓丽的 3D 卡通人物就诞生了。

设计好角色形象后，是不是还想让自己的形象动起来？你可以选择"情绪表情"和"友谊表情"两种风格，从"您好"到"再见"，从"狂喜"到"狂怒"等 63 个动画表情任意挑选，一个活泼好动，栩栩如生的形象就出现了。你可以根据自己的心情和意愿将这些动画表情通过 iMessage 发给自己的亲朋好友。一个动画形象不过瘾，还可以在"友谊表情"中挑选朋友的 3D 形象，让两个卡通形象一起动起来，从"臀部碰撞"到"挠痒痒"等 24 个双人动作可供选择。

设计好形象，添加好表情，是不是觉得没有背景、场景而觉得单调？你可以对 3D 形象进行 360 度拍摄，通过上下移动、翻转手机，3D 人物可以不断转换角度，通过拍摄实际环境来设置背景，也可以使用应用预制的环境背景，还可以在其中添加一到三位朋友的卡通形象。

完成以上步骤，相信你已经制作了一张满意的 3D 形象了，你可以自动为头像生成二维码，这样你除了可以与朋友分享自己的头像照片，也可以分享头像的二维码。对方只要通过扫描二维码，便可将分享的头像保存在自己的手机上。

如果想让自己设计的 3D 形象更加与众不同，衣着和配饰更加丰富，你还可以在购物区购买更多装备来包装自己的 3D 角色，泳衣、面罩、蕾丝衣服和动物形象等无所不包。

技巧发现 🔍

如何让 3D 角色动画效果更丰富？在"图片"一栏中，新版应用提供了心情与姿势混合选项，可以同时设置 3D 人物的表情与姿势，可能你的 3D 形象在大跳迪斯科，可脸上却是一幅伤心的表情，是不是很有趣？

同类应用 🔍

头像工厂

大头贴

Facemakr

陌陌——你好，陌生人

当你在家的时候，通过它可以足不出户认识周围的邻居；当你旅行的时候，通过它可以快速找到同行的伙伴；当你孤独的时候，通过它可以跟"臭味相投"的人聊聊天，它就是*陌陌*，一款基于地理位置的移动交友工具。如果你们近在咫尺，就不该形同陌路。

LBS（基于地理位置的服务）社交已经成为了当前的流行概念，如果你不懂，可真就 out 了。通过 GPS 或者移动网络定位，*陌陌*能够识别你所在的地理位置，并且快速地搜寻和定位到你身边的人。互相加为好友，就可以查看对方的个人信息和位置，免费发送短信、语音、照片以及精准的地理位置了。更加强大的是，*陌陌*可以将网络关系转换为线下的真实关系，因为距离已经不再是问题，这种转换非常容易，寻人问路，邀请约会将更加简单。不过，如果你想提高你交朋友的成功率，除了注册之外，还要完善一下你的个人资料，才能不被别人轻易拒绝。

打开*陌陌*，便是强大的"附近"功能页面，页面上显示的帅哥靓女的头像照片，是不是很吸引你的注意呢？而且性别、年龄、距离、心情和个人动态这些个人信息将会一览无余，附近的人是按照距离从近到远依次排列，并且可以精确到 10 米以内。如果你希望和谁认识，就可以点击其头像查看详细信息并可给他/她发信息，添加关注，建立只属于你们的私密好友关系。

加对方为好友之后，你就可以点击"发起对话"按钮，进入聊天界面发送信息、开始聊天了。在聊天界面中，你可以发送自己的位置或者图片，可以加入有趣的表情，以及流行的语音传递。如果你所发送的信息被标记为"送达、已读"等提示，那么恭喜你，你们的朋友缘分已经开启啦。

如果你想同时跟很多人进行互动，那么试试"附近群组"功能吧，点击首页右上角"多人群"标志按钮，就可以查看附近的群组，并根据自己的喜好加入附近的群组，和更多的人进行互动，当然你也可以创建自己感兴趣话题的群，例如，美食、租房、宠物、购物等热门话题。

如要想要结交更多的好友，你可以在"个人资料"里随时更新个人信息，包括头像、签名、职业、爱好，等等，多放几张漂亮的个人风采照片，这样你的魅力指数就会大大提高了。

技巧发现 🔍

如何保护自己的隐私？ 可以随时把你讨厌的人拉入黑名单，还可以对TA的不良行为进行举报，并且有多种隐身模式。

如何了解她的更多信息？ *陌陌*可以与微博，豆瓣，人人等社交工具进行绑定，然后你可以通过她绑定的社交工具里了解他的生活。

同类应用 🔍

遇见　　　夜猫　　　微信　　　手机QQ

第四章　哪里都是电影院

爱奇艺影视——随时随地追剧

周末了，想舒舒服服躺在家里的床上看一部电影，却被告知要出差？下班了，糟糕的晚高峰已经让你堵在路上一个小时，觉得超级无聊了？你可以点开手机里的应用**爱奇艺影视**，找到昨天已经下载好的电影、电视剧和娱乐节目，在路上酣畅淋漓地来一场视觉盛宴。

是不是迫不及待了呢？它的魅力正等着你去体验。大量正版的高清影视，内容丰富，更新及时，画质清晰流畅，都会深深地吸引你。如果你的移动网络够给力，在有 Wi-Fi（WLAN）和 3G 网络环境下，可以直接在家里的床上、提供 Wi-Fi 的咖啡厅体验精彩节目，而且还可以边下边看。如果你在公交车或者路上，最好是用"离线观看"功能观看提前下载好的视频。"离线下载观看"功能里会实时显示下载进度和下载状态，你可以看到手机内存消耗情况，从而决定是否删除一些看过的内容。

爱奇艺影视的全景式界面设计的非常友好，栏目分类清晰，独特的滚动图片设计，让你很容易就会把目光定位到自己喜欢的视频内容上，你可以轻轻地上下、左右滑动手指，快速浏览"同步剧场""电影大片"等各大板块的推荐内容。如果你需要快速

发现内容，试一试分频道视频浏览，最新、热播、好评 3 种排序方式，16 个频道的内容将会尽收眼底。如果你需要精确查找想看的视频，可以点击"搜索"功能，输入片名、主演或者导演名字直接查询。

如果你是要看自己追的美剧或韩剧，可以直接在界面操作选集、查看单集和全剧的剧情简介、选择下载观看以及收藏，甚至用手摇一摇你的手机，就可以快速切换剧集。

电影看了一半没看完，下一次想继续接着看怎么办？爱奇艺影视右上角计时器状的小图标是播放记录，里面记载了你看过的视频以及观看时长，你可以随时续播或回放。

除了可以观看电影、电视剧、综艺、音乐、纪录片、动画片、旅游和公开课等各类热门视频，你还可以关注微电影频道以及热门的娱乐事件、明星动态和影视资讯等自制内容，如果你是高清控或者动漫控，那么这款应用将会更加适合你。

如果你想体验更多的个性化内容，那么成为注册用户吧。你可以永久保存你的播放记录，可以收藏追剧，进行"跳过片头片尾"设置，还可以体验一把"附近的人正在看"的新鲜功能。

技巧发现 🔍

使用爱奇艺客户端观看视频需要具备怎样的网络条件？ 在无线网络Wi-Fi（WLAN）及3G网络环境下奇艺视频的播放清晰、流畅，而在其他2G等更低速度的移动网络播放视频时会出现速度慢、无法加载等异常情况，因此不建议使用。

同类应用 🔍

搜狐视频

优酷

乐视影视

PPTV影视

优酷——让视频走着"瞧"

如果问：当前互联网上最火的视频网站是哪家？很多人会脱口而出：*优酷*。是的，这家号称"中国领先的视频分享网站"，是引领网络视频时代到来的第一品牌。优酷网与土豆网的"联姻"，更让这家视频网站成为行业领军人物，而移动互联网浪潮汹涌袭来，它当然更加不能缺席。

手机屏越来越大，家庭无线路由器的使用率越来越高，手机上网优惠套餐越来越多，用手机观看网络视频"走着瞧"成为了流行趋势。*优酷*移动客户端，就是抓住了人们的使用习惯，让人对它的魅力无法抗拒。

手机*优酷*以黑色为主调，页面简洁，栏目丰富，分新品推介、今日热点、电视剧、综艺、娱乐、电影、片花、美剧、动漫、搞笑和纪录片等12个栏目，应有尽有，你可上下、左右滑动手指快速挑选自己喜爱的视频。每一视频下面都有播放和评论次数统计，让视频的热度显示更加直观。你还可以点击右上角查看播放记录，左上角上传视频。

软件设计师还在首页设计了隐藏菜单功能，点击页面下方的白色箭头，会显示一个圆形虚拟导向轮，包括"搜索""我的上传""我的收藏""缓存视频"和"频道"等常用功能，你可以一键直达，易于操作。

在观看视频之前，你可以详细了解视频分类、导演、演员和播放记录等信息。在视频的播放过程，点击视频，你可以进行标清、高清、超清画质选择，进度条可以自由拖拽，片头片尾也可轻松跳过。页面左侧还会弹出"分享""顶""踩"和"收藏"等按钮，点

击即可将视频分享到新浪微博或者腾讯微博或放入我的收藏夹，之后在菜单可以查看我的收藏夹。

如果你是一名拍客，喜欢上传视频，那么你可以用你的手机拍摄一段视频，登录优酷账户后，可以进行视频上传操作，选择视频后系统自动将其进行压缩，完毕后会提示添加视频标题，然后即可上传。上传、收藏、播放历史支持多平台的云同步，即用同一账号，可以在电脑、iPad上管理同样的内容。

技巧发现

如何删除自己已经上传的视频？登录我的优酷个人账户查看"我的上传"，进入页面之后可对自己上传的视频进行管理、重新分类以及删除。

多语种影视如何选择声道和设置跳过片头？如果观看外国或港产影片和电视剧，可以根据个人偏好选择不同的配音，点击视频播放器的设置按钮，即可选择国语、粤语和英文等不同声道。在跳出的界面点击跳过片头片尾按钮即可跳过片头。

同类应用

乐视影视

奇艺影视

PPTV网络电视

PPS影音

PPTV——你的移动"电视"

　　身为影视剧消费大国的一员，你是不是也喜欢看影视剧来放松和消磨时间？如果你"抢"不到家里的电视和电脑，试试 PPTV 这款移动"电视"应用吧。你可以用手里的手机随时随地利用碎片时间收看自己喜欢的电视台和电视剧，如果你是英超迷，综艺迷，丰富直播节目更会让你应接不暇。接下来，一起体验一下电视剧"随身看"的魅力吧！

　　从国产电影、热播剧，到美剧、日剧、韩剧、英剧、泰剧和动漫等节目，PPTV 的频道板块一网打尽，每个频道都是按照点播量来排名，让你直达热播视频。在观看之前，你可以便捷地查看有视频的类型、主演等信息，还可以看到观众的评分，便于作出收看选择。

　　点播视频后，在观看的过程中，你可以根据自己的偏好设置全屏或者标屏，多语种配音的影视资源也可以按照你的选择对视频进行配音调整。如果移动网络不够通畅，你可以选择手机视频下载，离线观看。如果你觉得对视频进行点评还不够，可以注册登录账号分享视频到新浪微博、腾讯微博等社交网络，还可以同其他观众进行交流。

　　晚上有场重要的球赛，而你却不能守在电视机旁？试试 PPTV 的直播频道功能吧，点击进入之后，你可以查看"卫视直播""地方台

直播"和"体育比赛直播"等视频直播资源，而且通过预告信息，你可以根据时间段来选择正在直播或即将直播的视频节目观看。

　　想看更多高清节目？想享受免费广告服务？你可以通过购买成为 VIP 用户。会员享受以下几项特权：第一、观看专属 VIP 专区用户节目，该区用户节目提供 1080P 超高清视频资源；第二、享受免费广告服务；第三、收看视频教程节目，视频教程的节目包括名校公开课、语言教程、电脑软件教程和育儿教程等。

技巧发现

　　如何使用 PPTV 多屏服务？ 安装 PPTV 网络电视电脑版（3.1.5 以上版本）和手机版（Android 版 1.3.7 以上版本）。然后把电脑和手机连进同一个局域网内。打开手机和电脑的 PPTV，在手机上挑选喜欢的节目，点击"播放"，在弹出的设备列表中选择您的电脑，视频就可以在电脑上播放了。

同类应用

乐视网

奇艺影视

优酷

PPS影音

乐视影视——畅享热播剧

　　讨厌翻版、盗版？想看正版视频资源？喜欢时尚、前卫？想与大家探讨流行娱乐？那就试用*乐视影视*吧，号称拥有国内最大正版影视剧全库，拥有丰富自制节目的*乐视影视*现在可以支持手机用户的使用，喜欢用智能手机和平板电脑看视频的你，赶紧来分享一下*乐视影视*带来的正版资源的视听盛宴吧。

　　灰黑底色上大屏幕中闪动的画面是最近热播的电影资源推荐。热播推荐的顶端有站内搜索引擎，可以输入片名、导演或者主演对站内视频进行检索。接下来的"跟播剧场""热门电影""好声音金曲"和"人气动漫"等，让你一键直达，领略风光无限。丰富的直播资源、专题视频、乐视出品和乐视制造节目让人目不暇接。在各个影视频道内，你可以按照最热、最新和好评三种方式进行排序，还可以按照类型、地区和年代进行筛选。

　　*乐视影视*中对视频的介绍非常详细，包括导演、演员、上映年份等资讯，其后是剧集数目和剧情简介，在剧集数目列表中可以选中任一集点击观看。在此页面除可以点播和下载视频资源外，还可以将视频分享到新浪微博、人人网等社交网络。如果是仍在播放

中的电视剧，还可以使用追剧功能，点击"追剧"后，每次登录都可以在我的乐视中查看剧集的更新信息。另外，继续下拉页面，还可以看到与主演相关的其他视频。

　　点击播放视频，即可进入视频观看界面，5秒内不进行画面操作，乐视会为你自动选

择全屏播放视频，如果你选择的是电视剧，那么视频联播功能，可以让你点击一次即可连续观看完所有剧集。你可以按照你的网络流畅程度来选择视频的清晰度，在页面左下角有超高清、高清、标清和流畅等几个选项。点击右边的剧集选项可以对不

同的剧集进行选择。右上角的按钮提供下载和分享该剧集的功能。此外，新版本中新增视频窗口模式，享受"画中画"带给您的极致体验。

注册乐视网账号之后，你可以登录"我的乐视"。在这里，你可以查看视频收藏夹、"我的追剧"等自己喜欢的视频资源，乐视网也会根据你的观看记录，给你提供精品视频资源推荐，你还可以在这里对乐视网提交意见反馈。

点击首页底端的"下载中心"，可以查看下载的信息，对已下载的视频资源进行管理，乐视网还能显示你的设备容量和已经下载的视频容量信息。点击"设置"按钮，可以设置乐视允许同时下载的视频数目。

技巧发现

要不要注册乐视账号？如果长期使用乐视网观看视频的话，注册账号之后可以进行追剧、视频下载等，相当方便。

怎样快进、快退或者选段播放视频资源？在观看视频的时候，你可以看到播放器底端的动态时间轴，拖动时间轴上的移动点即可实现快进、快退或者选段播放功能。

同类应用

优酷　　　　奇艺影视　　　PPTV网络电视　　PPS影音

快播——你想看的都能播

如果一款 App 同时赢得了这样两句评价："你懂的。学习，生活必备"和"非常邪恶的一款软件，非常～～"，你会怎么看？ 2012 年网上最流行的元芳体对白还有一段经典的："元芳，你怎么看？""大人，我都是用**快播**看的"。没错，就是**快播**，有了它，点播、直播、本地播，你想看的都能播。

正如这个 App 的名字一样，它的一个鲜明的特色就是"快"，它是一款基于准视频点播（QVOD）内核的，集在线点播、在线直播为一体的多媒体播放器，能够实现高清视频在互联网络的流畅播放。除了"快"，另外特色就是"全"、"轻"，它支持 RMVB、MPEG、AVI、WMV 等多种主流音视频格式，具有资源占用低、操作简捷、运行效率高，扩展能力强等特点，加之其丰富的视频资源库，内置影视导航，一键搜索，便捷播放，还可以边播边放，受到用户的喜爱。

快播采用侧边栏的模式，按住屏幕左侧向右滑动即可调出菜单列表。菜单列表共有四个功能选项，从上至下分别是"文件""网址""雷达"和"互传"。"文件"功能中，左右滑动即可在"图片、音乐、视频"三个界面相互切换，可以较为简单地浏览/编辑本机视频、音乐、图片，包括设为私人、浏览文件详

情、批量删除。"网址"功能共有三个子目录，包括"娱乐风向标、收藏夹、60秒热站"，左右滑动即可切换界面，其中"娱乐风向标"新增了热搜词滚动，摇一摇即可摇出你可能喜欢的影片。

很多人都会沉迷于手机**快播**所提供的服务当中，特别是**快播**的"雷达"功能，轻轻一点，即可扫描附近用户在看什么视频，支持地图或列表方式查

看。另外，雷达还支持足迹功能，登录**快播**账号之后，即可将你去过的地方添加为足迹，这样一来，即使你已不在这个地方了，但还是可以很轻松地找到这个地方的共享资源。不过，需要提醒的是，**快播**会在后台下载上传大量数据（因此推荐使用 Wi-Fi），同时默认共享本地视频图片资源，也就是说周围的人可以下载你手机内的相关资源，而这时你的手机会上传。

如果你不想被附近的人看到你正在用**快播**看什么私密的视频内容，你只需要登录**快播**账号，将其"设为私人"即可。

"互传"功能类似于"快牙"，加入朋友创建的 Wi-Fi 热点，或者自己创建一个网络共享的 Wi-Fi 热点，匹配成功后即可进行文件的高速传输。此类文件传输需要传输双方都安装该应用，且传输距离是有一定限制的。

由于**快播**在 PC 端软件的内容等级问题，其在 App Store 上线后，经历过短暂撤下，而后又恢复上线。一款播放器软件本身应该没有问题，但用播放器播放什么，就如同买来菜刀是切菜、切肉，还是防身一样，结果是无法预测的。但愿这款有千万级用户的播放器软件在移动互联网时代，让用户喜欢上它全新的身影。

技巧发现 🔍

如何使用快播云寄存？ 安卓手机**快播**注册用户可免费获得8G云寄存空间。**快播**云寄存将在线影片保存在云端，无论通过电脑还是手机，都可以对在线影片实现即存即取，想看就看，还可以像管理本地文件夹一样方便地进行添加、修改和删除操作。

同类应用 🔍

电影快播

电驴大全

高级视频播放器

迷你迅雷